新型农民职业技能培训教材

U0348250

# 蔬菜园艺工

## 培训教程

杨净云　主编

（南方本）

中国农业科学技术出版社

**图书在版编目（CIP）数据**

蔬菜园艺工培训教程：南方本/杨净云主编 . —北京：中国农业
科学技术出版社，2012.5

ISBN 978 - 7 -5116 -0874 -1

Ⅰ.①蔬…　Ⅱ.①杨…　Ⅲ.①蔬菜园艺 - 技术培训 - 教材
Ⅳ.①S63

中国版本图书馆 CIP 数据核字（2012）第 068812 号

**责任编辑**　张孝安
**责任校对**　贾晓红　范　潇

**出 版 者**　中国农业科学技术出版社
　　　　　　　北京市中关村南大街 12 号　邮编：100081
**电　　话**　（010）82109698（编辑室）　（010）82109704（发行部）
　　　　　　　（010）82109709（读者服务部）
**传　　真**　（010）82106624
**网　　址**　http：//www.castp.cn
**经 销 者**　各地新华书店
**印 刷 者**　北京建宏印刷有限公司
**开　　本**　850mm ×1 168mm　1/32
**印　　张**　5.375
**字　　数**　130 千字
**版　　次**　2012 年 5 月第 1 版　2019 年 10 月第 7 次印刷
**定　　价**　16.00 元

# 《蔬菜园艺工培训教程》
## 编委会

主　编　杨净云

副主编　高国华　赵丽君

编　者　李　平　苏冬梅

# 前　言

中共中央国务院［2007］1号文件明确指出，加强"三农"工作，积极发展现代农业，扎实推进社会主义新农村建设，是全面落实科学发展观、构建社会主义和谐社会的必然要求，是加快社会主义现代化建设的重大任务。我国农业人口众多，发展现代农业、建设社会主义新农村，是一项伟大而艰巨的综合工程，不仅需要深化农村综合改革、加快建立投入保障机制、加强农业基础建设、加大科技支撑力度、健全现代农业产业体系和农村市场体系，而且必须注重培养新型农民，造就建设现代农业的人才队伍。胡锦涛总书记在党的十七大报告中进一步指出，要培育有文化、懂技术、会经营的新型农民，发挥亿万农民建设新农村的主体作用。新型农民是一支数以亿计的现代农业劳动大军，这支队伍的建立和壮大，只靠学校培养是远远不够的，主要应通过对广大青壮年农民进行现代农业技术与技能的培训来实现。

正是基于上述原因，同时根据农业部等六部委《关于做好农村劳动力转移培训阳光工程实施工作的通知》精神，为进一步做好新型农民教育培训工作，依据人力资源与社会保障部与农业部制定的《蔬菜园艺工国家职业标准》，受中国农业科学技术出版社委托，我们组织相关院校、农业局等科技人员编写了《蔬菜园艺工培训教程（南方本）》一书，作为南方各省蔬菜园艺工的培训教材。

蔬菜园艺工是从事菜田耕整、土壤改良、棚室修造、繁种育苗、栽培管理、产品收获以及采后处理等生产活动的人员。因此，在编写时，突出以职业能力为核心，贯穿"以职业标准为依据，以企业需求为导向，以职业能力为核心"的理念，依据国家职业标准，结合生产实际，反映岗位需求，突出新知识、新技术、新工艺和新方法，注重职业能力培养。

本书主要介绍了蔬菜园艺工职业道德与岗位要求、蔬菜生产基础知识、蔬菜栽培基础、蔬菜设施育苗与定植技术、蔬菜田间管理技术、蔬菜采收与清洁田园技术、南方茄果类蔬菜栽培技术、南方瓜菜类蔬菜栽培技术、南方豆菜类蔬菜栽培技术、南方叶菜类蔬菜栽培技术和南方水生蔬菜栽培技术等内容。鉴于我国地域广阔，生产条件差异大，蔬菜种类繁多，因此，在编写过程中主要选择全国种植面积较大的蔬菜以及应用较多的新技术、新品种和新成果。各地在使用本教材时，应结合本地区生产实际进行适当选择和补充。

本书在编写过程中参考引用了许多文献资料，在此谨向其作者深表谢意。由于编者水平有限，书中难免存在疏漏和错误之处，敬请专家、同行和广大读者批评指正。

作者

2011 年 11 月

# 目　录

# 第一章　蔬菜园艺工职业道德与岗位要求

## 一、职业道德基本知识

### （一）道德与职业道德

1. 道德

道德是一定社会、一定阶级调节人与人、个人与社会、个人与自然之间各种关系的行为规范的总和。它渗透于生活的各个方面，既是人们应当遵守的行为准则，又是对人们思想和行为进行评价的标准。

2. 职业道德

职业道德就是同人们的职业活动紧密联系的，符合职业特点所要求的道德准则、道德情操与道德品质的总和，是人们在从事职业活动的过程中形成的一种内在的、非强制性的约束机制。职业道德是社会道德在职业活动中的具体化，是从业人员在职业活动中的行为标准和要求，而且是本行业对社会所承担的道德责任和义务。

### （二）职业道德的特点与作用

1. 职业道德的特点

职业道德与一般的道德有着密切的联系，同时，也有自己的特征。一是行业性，即要鲜明地表达职业义务、职业责任以及职业行为上的道德准则。二是连续性，具有不断发展和世代延续的特征和一定的历史继承性。三是实用性及规范性，即根据职业活动的具体要求，对人们在职业活动中的行为用条例、章程、守则、制度、公约等形式作出规定。四是社会性和时代性，职业道德是一定的社会或阶级的道德原则和规范，不是离开阶级道德或社会道德而独立存在的。随着时代的变化职业道德也在发展，在一定程度上体现着当时社会道德的普遍要求，具有时代性。

2. 职业道德的作用

职业道德具有重要的社会作用。它能调节职业交往中从业人员内部以及从业人员与服务对象间的关系；从业人员良好的职业道德有助于维护和提高本行业的信誉；员工的责任心、良好的知识和能力素质及优质的服务是促进本行业发展的主要活力，并且对整个社会道德水平的提高发挥重要作用。

**（三）社会主义职业道德**

社会主义职业道德是一种新型的职业道德，是社会主义道德的有机组成部分，伴随着社会主义事业的实践而产生、形成和发展，是社会主义职业活动不断完善和经验的总结。社会主义职业道德是在社会主义道德指导下形成与发展的。人们不论从事哪种职业，都不仅是为个人谋生，都贯穿着为社会、为人民、为集体服务这一根本要求。社会主义职业道德基本规范包含 5 个方面的内容，即爱岗敬业、诚实守信、办事公道、服务群众、奉献社会。

1. 爱岗敬业

爱岗敬业是为人民服务和集体主义精神的具体体现，是社会主义职业道德一切基本规范的基础。爱岗就是热爱自己的工作岗位，热爱本职工作。爱岗是对人们工作态度的一种普遍要求。敬业就是用一种严肃的态度对待自己的工作，勤勤恳恳、兢兢业业、忠于职守、尽职尽责。爱岗是敬业的基础，敬业是爱岗的具体表现，爱岗敬业是为人民服务精神的具体体现。

2. 诚实守信

诚实，就是忠诚老实，不讲假话。诚实的人能忠实于事物的本来面目，不歪曲、不篡改事实，同时，也不隐瞒自己的真实思想，光明磊落，言语真切，处事实在。诚实的人反对投机取巧，趋炎附势，弄虚作假，口是心非。守信，就是信守诺言，说话算数，讲信誉，重信用，履行自己应承担的义务。诚实和守信两者意思是相通的，诚实是守信的基础，守信是诚实的具体表现。诚实守信是为人处世的一种美德，也是一种社会公德，是任何一个有自尊心的人进行自我约束的基本要求。

3. 办事公道

办事公道是指从业人员在办事情处理问题时，要站在公正的立场上，按照同一标准和同一原则办事的职业道德规范。不可因为是亲朋好友就给予特别照顾，更不能利用职权挟嫌刁难。办事公道要以一定的个人道德修养为基础。

4. 服务群众

服务群众是为人民服务精神的集中表现。服务群众体现了职业与人民群众的关系，说明工作的主要服务对象是人民群众。服务群众的要求是依靠人民群众，时时刻刻为群众着想，急群众所急，忧群众所忧，乐群众所乐。

5. 奉献社会

奉献社会就是全心全意为社会作贡献，是为人民服务精神的最高体现。有这种精神境界的人把一切都奉献给国家、人民和社会。奉献就是不期望等价的回报和酬劳，而愿意为他人、为社会或为真理、为正义献出自己的力量，包括宝贵的生命。奉献社会的精神主要强调的是一种忘我的全身心投入精神。当一个人专注于某种事业时，他关注的是这一事业对于人类，对于社会的意义，而不是个人的回报。一个人不论从事什么工作，不论在什么岗位，都可以为社会作贡献。

# 二、蔬菜园艺工职业守则

蔬菜园艺工职业守则是从事菜田耕整、土壤改良、棚室修造、繁种育苗、栽培管理、产品收获、采后处理等生产活动的人员的职业品德、职业纪律、职业责任、职业义务、专业技术胜任能力以及与同行、社会关系等方面的要求，是每一个从事蔬菜园艺工职业的人员必须遵守和履行的。

**（一）敬业爱岗，忠于职守**

1. 敬业爱岗

蔬菜园艺工工作的环境与条件较差，但其工作关系着广大人民的农产品质量安全，关系着广大人民的健康水平。在面对农民群众农产品质量安全意识薄弱和广大人民群众对食品安全的要求较高的双重挑战的现状时，要认真对待自己的岗位，对自己的岗位职责负责到底，无论在任何时候，都尊重自己的岗位职责，对自己岗位勤奋有加。并牢固树立农产品质量安全的观念，不怕困难、不辞辛劳、千方百计以提高农产品质量安全为己任，以指导农民群众科学种田为职责。

蔬菜园艺工是一份工作条件艰苦、工作环境较差、工作任务繁重的职业。因此在工作中，要培养吃苦耐劳、踏实苦干的工作精神，努力争当会做人、会做事、爱学习、能吃苦，与企业共荣辱，与农民同吃苦的好职工。

2. 忠于职守

忠于职守，体现在蔬菜园艺工工作的方方面面。第一，是要对自己的岗位职责负责，认认真真完成自己的本职工作；忠于自己的本职工作，对自己的工作负责、对自己的岗位职责负责。第二，在工作中应当尊重同事、同行及有关部门和单位的人员，工作中默契配合，相互帮助，取长补短；困难中互相鼓励，齐心协力，排忧解难，共渡难关，主动协调好各方关系，共同完成工作任务。第三，平时工作中要主动与领导、专家、同事、有经验农民等相互交流和切磋，实现双赢，提高业务水平。第四，要正确看待和处理有关名利的问题，不得诋毁同事，不得损害同事及协作单位和人员的利益。

### （二）认真负责，实事求是

#### 1. 认真负责

没有做不好的工作，只有对工作不负责的人。认真地工作，用心地工作，无论在哪一个岗位，始终保持一种责任意识。以指导农民、服务农民、增加产量、改善品质、质量安全为工作核心，时刻为广大人民群众着想，一切以农民利益为重。工作中要尊重科学，严谨认真，耐心指导，亲历亲行，尊重群众，一视同仁。鉴于我国经济发展的不平衡，农业科学技术推广程度差异较大，因此，对经济、文化欠发达的地区，应当给予更多的耐心和关注。

#### 2. 实事求是

蔬菜园艺工从事的工作是与农民直接打交道，使用的农药、肥料正确与否对人身安全、农产品质量、生态环境等有很大影响，严重的会危及生命、破坏生态环境，因此，要求从事蔬菜园艺工职业的人员，必须以社会主义职业道德准则规范自己的行为，应当坚持实事求是的作风，严格按照规程操作，主要用药正确、剂量准确、操作规范、使用安全，对群众做到信守诺言，履行应承担的责任、义务。

### （三）勤奋好学，精益求精

#### 1. 勤奋好学

应勤奋好学、刻苦钻研、不断进取，努力提高有关专业知识和技术水平。首先要系统学习土壤肥料、农业气象、蔬菜栽培、蔬菜病虫草害防治、蔬菜采后处理、农业机械、农业技术推广等专业知识，提高专业知识水平；其次在实际工作中，要勤思、善想、多问，及时总结和积累经验，吸取别人的经验和教训，举一反三，用以指导自己的工作，减少或避免工作中的失误。

#### 2. 精益求精

从事蔬菜园艺工职业，要有："认真第一"的工作态度，"责任第一"的行为规则，"要事第一"的工作方法，"速度第一"的时间管理，"创新第一"的思维模式，"学习第一"的进步意识。工作中要尽职尽责，充分应用所掌握的知识和技术为农民群众和单位或企业作出自己的贡献；全心全意用自己的智慧与技能，精益求精完成每一项工作；要通过专业化、人性化、标准化的工作，自我提升，尽善尽美。

### （四）热情服务，遵纪守法

#### 1. 热情服务

要深入到农业生产第一线，开展科技惠民、指导农户发展生产工作。要时刻牢记全心全意为人民服务的宗旨，在平凡的工作中，用周到的服务、热情的态度、亲切的话语、不厌其烦地解释和新型农民同吃、同住、同劳动，随时接受农民朋友的咨询和开展技术指导，解决生产所出现的生产技术难题。彻底改变"门难进、脸难看、话难听、事难办"的"四难"现象。

#### 2. 遵纪守法

蔬菜园艺工的工作内容经常涉及《中华人民共和国农业法》《中华人民共和国农业技术推广法》《中华人民共和国劳动法》《中华人民共和国合同法》《中华人民共和国种子法》《中华人民共和国农产品质量安全法》《农药管理条例》《植物新品种保护条例》，国家和行业蔬菜产地环境、产品质量标准，以及生产技术规程等的相关知识。因此，在工作中必须严格遵守国家政府部门的相关法律、法规和制度，并结合工作进行广泛宣传。

### （五）规范操作，注意安全

#### 1. 规范操作

蔬菜生产中常常使用农药、化肥等重要的农业生产资料，而其中有些农资也是一种有毒易燃的物品。使用要求的技术性强，使用得好，可以保护农业生产安全；使用不当，则会造成药害、农药残留量超标、环境污染、人畜中毒等事故的发生。因此要严格遵守使用规范，规范操作，正确使用机械。

## 2. 注意安全

农药、化肥等的安全使用关系到人身安全和食品安全，因此，在工作中要自觉抵制国家明令禁止使用的农药、化肥、植物生长调节剂等，选择高效安全、低毒、低残留农资，科学安全使用，采用正确的使用方法，掌握合理的用量和次数，严格遵守安全间隔期规定，穿戴防护用品，注意使用时的安全，掌握中毒急救知识等。

# 三、蔬菜园艺工岗位要求

## （一）蔬菜园艺工基础知识要求

蔬菜园艺工基础知识要求如表 1-1 所示。

表 1-1 蔬菜园艺工基础知识要求

| 基础知识 | 基本知识要求 |
| --- | --- |
| 专业知识 | 土壤和肥料基础知识；农业气象常识；蔬菜栽培知识；蔬菜病虫草害防治基础知识；蔬菜采后处理基础知识；农业机械常识；农业技术推广知识；计算机应用知识 |
| 安全知识 | 安全使用农药知识；安全用电知识；安全使用农机具知识；安全使用肥料知识 |
| 相关法律、法规知识 | 农业法；农业技术推广法；种子法；植物新品种保护条例；产品质量法；经济合同法等相关的法律法规；国家和行业蔬菜产地环境、产品质量标准以及生产技术规程 |

## （二）蔬菜园艺工基本技能要求

### 1. 初级蔬菜园艺工（表 1-2）

表 1-2 初级蔬菜园艺工基本技能要求

| 职业功能 | 工作内容 | 技能要求 | 相关知识 |
| --- | --- | --- | --- |
| 育苗 | 种子处理 | 能够识别常见蔬菜的种子；能进行常温浸种和温汤浸种；能进行种子催芽 | 种子识别知识；浸种知识；催芽知识 |
| | 营养土配制 | 能按配方配制营养土；能进行营养土消毒 | 基质特性知识；营养土消毒方法 |

（续表）

| 职业功能 | 工作内容 | 技能要求 | 相关知识 |
|---|---|---|---|
| 育苗 | 设施准备 | 能准备育苗设施；能进行育苗设施消毒 | 育苗设施类型、结构知识；消毒剂使用方法 |
| | 苗床准备 | 能准备苗床 | 苗床制作知识 |
| | 播种 | 能整平床土，浇足底水，适时、适量并适宜深度撒播、条播、点播或穴播，覆盖土及保温或降温材料 | 播种方式和方法 |
| | 苗期管理 | 能调节温度、湿度；能调节光照；能分苗和到苗；能炼苗；能防治病虫草害 | 分苗知识；炼苗知识；苗期施药方法 |
| 定植（直播） | 设施准备 | 能准备栽培设施；能进行栽培设施消毒 | 栽培设施类型、结构知识；消毒剂使用方法 |
| | 整地 | 能耕翻土壤；能整平地块；能开排灌沟 | 土壤结构知识 |
| | 施基肥 | 能普施基肥，并结合深翻使土肥混匀，还能沟施基肥 | 有机肥使用方法；化肥使用方法 |
| | 作畦 | 能作平畦、高畦或垄 | 栽培畦的类型、规格知识 |
| | 移栽（播种） | 能开沟或开穴，浇好移栽（播种）水，适时并适宜深度、密度移栽（播种） | 移栽（播种）密度知识；移栽（播种）方法 |
| 田间管理 | 环境调控 | 能调节温度、湿度；能调节光照；能防治土壤盐渍化；能通风换气，防止氨气、二氧化硫、一氧化碳有害气体中毒 | 环境调控方法 |
| | 肥水管理 | 能追肥、补充二氧化碳；能给蔬菜浇水；能进行叶面追肥 | 适时追肥、浇水知识 |
| | 植株调整 | 能插架绑蔓（吊蔓）；能摘心、打杈、摘除老叶和病叶；能保花保果、疏花疏果 | 植株调整方法 |
| | 病虫草害防治 | 能防治病虫草害 | 施药方法 |
| | 采收 | 能按蔬菜外观质量标准采收 | 采收方法 |
| | 清洁田园 | 能清理植株残体和杂物 | 田园清洁方法 |

（续表）

| 职业功能 | 工作内容 | 技能要求 | 相关知识 |
|---|---|---|---|
| 采后处理 | 质量检测 | 能按标准判定产品外观质量 | 产品外观特性知识 |
| | 整理 | 能按蔬菜外观质量标准整理产品 | 蔬菜整理方法 |
| | 清洗 | 能清洗产品；能空水 | 蔬菜清洗方法 |
| | 分级 | 能按蔬菜外观质量标准对产品分级 | 蔬菜分级方法 |
| | 包装 | 能包装产品 | 蔬菜包装方法 |

## 2. 中级蔬菜园艺工（表1-3）

### 表1-3　中级蔬菜园艺工基本技能要求

| 职业功能 | 工作内容 | 技能要求 | 相关知识 |
|---|---|---|---|
| 育苗 | 种子处理 | 能根据作物种子特性确定温汤浸种的温度、时间和方法；能根据作物种子特性确定催芽的温度、时间和方法；能进行开水烫种和药剂处理；能采用干热法处理种子 | 开水烫种知识；种子药剂处理知识；种子干热处理知识 |
| | 营养土配制 | 能根据蔬菜作物的生理性特性确定配制营养土的材料及配方；能确定营养土消毒药剂 | 营养土特性知识；基质和有机肥病虫源知识；农药知识；肥料特性知识 |
| | 设施准备 | 能确定育苗设施的类型和结构参数；能确定育苗设施消毒所使用的药剂 | 育苗设施性能、应用知识；育苗设施病虫源知识 |
| | 苗床准备 | 能计算苗床面积 | 苗床面积知识 |
| | 播种 | 能确定播种期；能计算播种量 | 播种量知识；播种期知识 |
| | 苗期管理 | 能针对栽培作物的苗期生育特性确定温、湿度管理措施；能针对栽培作物的苗期生育特性确定光照管理措施；能确定分苗、调整位置时期；能确定炼苗时期和管理措施；能确定病虫防治药剂 | 壮苗标准知识；苗期温度管理知识；苗期水分管理知识；苗期光照管理知识 |

| 职业功能 | 工作内容 | 技能要求 | 相关知识 |
|---|---|---|---|
| 定植<br>（直播） | 设施准备 | 能确定栽培设施类型和结构参数；能确定栽培设施消毒所使用的药剂 | 栽培设施性能、应用知识；栽培设施病虫源知识 |
| | 整地 | 能确定土壤耕翻适期和深度；能确定排灌沟布局和规格 | 地下水位知识；降雨量知识 |
| | 施基肥 | 能确定基肥施用种类和数量 | 蔬菜对营养元素的需要量知识；土壤肥力知识；肥料利用率知识 |
| | 作畦 | 能确定栽培畦的类型、规格及方向 | 栽培畦特点知识 |
| | 移栽（播种） | 能确定移栽（播种）日期；能确定移栽（播种）密度；能确定移栽（播种）方法 | 适时移栽（直播）知识；合理密植知识 |
| 田间管理 | 环境调控 | 能确定温、湿度管理措施；能确定光照管理措施；能确定土壤盐渍化综合防治措施；能确定有害气体的种类、出现的时间和防止方法 | 田间温度要求知识；田间水分要求知识；田间光照要求知识；土壤盐渍化知识 |
| | 肥水管理 | 能确定追肥的种类和比例；能确定追肥时期和方法；能确定浇水时期和数量；能确定叶面追肥的种类、浓度、时期和方法 | 蔬菜追肥知识；蔬菜灌溉知识 |
| | 植株调整 | 能确定插架绑蔓（吊蔓）的时期和方法；能确定摘心、打杈、摘除老叶和病叶的时期和方法；能确定保花保果、疏花疏果的时期和方法 | 营养生长与生殖生长的关系知识 |
| | 病虫草害防治 | 能确定病虫草害防治使用的药剂和方法 | 田间用药方法 |
| | 采收 | 能按蔬菜外观质量标准确定采收时期；能确定采收方法 | 采收时期知识；外观质量标准知识 |
| | 清洁田园 | 能对植株残体、杂物进行无害化处理 | 无害化处理知识 |

（续表）

| 职业功能 | 工作内容 | 技能要求 | 相关知识 |
|---|---|---|---|
| 采后处理 | 质量检测 | 能确定产品外观质量标准；能进行质量检测采样 | 抽样知识 |
| | 整理 | 能准备整理设备 | 整理设备知识 |
| | 清洗 | 能准备清洗设备 | 清洗设备知识 |
| | 分级 | 能准备分级设备 | 分级设备知识 |
| | 包装 | 能选定包装材料和设备 | 包装材料和设备知识 |

# 第二章　蔬菜生产基础知识

## 一、菜园土壤改良与培肥

### （一）土壤组成与性质

1. 土壤基本组成

土壤由固相、液相和气相三相物质组成。固相物质包括土壤矿物质、有机质及生物，土壤液相的主要成分是土壤水分与溶解在水分中的各种物质，土壤气相的主要成分是氧气、二氧化碳等气体。土壤矿物质有原生矿物和次生矿物；土壤有机质包括土壤中各种动植物微生物残体、土壤生物的分泌物与排泄物，及其这些有机物质分解和转化后的物质；土壤生物包括土壤动物、土壤植物和土壤微生物等。

2. 土壤基本性质

土壤的基本性质可分为土壤物理性质和土壤化学性质。其中，主要的土壤物理性质包括土壤质地、土壤孔隙性、土壤结构性、土壤热性质、土壤耕性等，主要的土壤化学性质包括土壤吸收性、土壤酸碱性、土壤缓冲性和土壤养分等。

### （二）土壤肥力与土壤质地

1. 土壤肥力

土壤肥力是土壤能经常适时供给并协调植物生长所需的水分、养分、空气、热量和其他条件的能力。水、肥、气、热是肥力四大因素。

2. 土壤质地

一般将土壤质地分成沙质土类、壤质土类和黏质土类

（表2-1）。

表2-1 不同质地土壤的生产性状

| 生产性状 | 沙质土 | 壤质土 | 黏质土 |
|---|---|---|---|
| 通透性 | 颗粒粗，大孔隙多，通气性好 | 良好 | 颗粒细，大孔隙少，通气性不良 |
| 保水性 | 饱和导水率高，排水快，保水性差 | 良好 | 饱和导水率低，保水性强，易内涝 |
| 肥力状况 | 养分含量少，分解快 | 良好 | 养分多，分解慢，易积累 |
| 热状况 | 热容量小，易升温，昼夜温差大 | 适中 | 热容量大，升温慢，昼夜温差小 |
| 耕性好坏 | 耕作阻力小，宜耕期长，耕性好 | 良好 | 耕作阻力大，宜耕期短，耕性差 |
| 有毒物质 | 对有毒物质富集弱 | 中等 | 对有毒物质富集强 |
| 植物生长状况 | 出苗齐，发小苗，易早衰 | 良好 | 出苗难，易缺苗，贪青晚熟 |

### （三）菜田土壤肥力特点

1. 一般菜田土壤肥力特点

蔬菜具有生长期短，生长速度快，吸收水分、养分量大，产量高，复种指数高等特点。因此，对菜田土壤肥力要求也较高。一是土壤高度熟化，应有一层较厚的有机质积累层，土壤质地均匀，粗粉粒含量较高，物理性能好。二是土壤稳温性能好。三是土壤质地疏松，耕性良好。四是具有较强的蓄水、保水和供氧能力。五是土壤含有较高的速效养分，含盐量不得高于4克/千克，土壤酸碱度宜为微酸性。六是微生物数量多，土壤缓冲性能较高，一般不存在或很少存在过量的有毒物质。

2. 设施蔬菜田土壤肥力特点

设施栽培与露地栽培是两个不同的环境条件，在土壤形成和性质上也产生了很大的差异，归纳起来主要有以下几方面：一是土壤温度高，气温和地温都比露地高，中午更突出。二是土壤水分相对稳定、散失少。三是土壤养分转化快、淋失少。四是土溶液浓度易偏高，土壤溶液浓度可达 10 000毫克/千克以上。五是土壤微生态环境恶化，易于滋生致病菌、有害菌和土壤害虫，使土壤生物学性质恶化，栽培蔬菜病虫为害加重。六是造成养分吸收异常，导致营养失调。七是气体为害，主要是氨气过多。八是土壤消毒造成的毒害。

### （四）菜园土壤培肥

1. 一般菜园土壤培肥

一是改善灌排条件，防止旱涝为害：采用渗灌、滴灌、雾灌等节水灌溉技术，高畦深沟种植。二是深耕改土：施用有机肥基础上，2~3 年深翻一次。三是合理轮作：改单一品种连作为多种蔬菜轮作。四是增施有机肥，减少化肥施用，二者比例以5：5为宜。

2. 设施菜园土壤培肥

一是施足有机底肥。二是整地起垄，提早进行灌溉、翻耕、耙地、镇压，最好进行秋季深翻。三是适时覆膜，提高地温。四是膜下适量浇水。五是控制化肥追施量：适当控制氮肥用量，增施磷、钾肥。六是多年设施栽培连茬种植前最好进行土壤消毒。

# 二、蔬菜安全用肥常识

### （一）常见化学肥料

1. 碳酸氢铵

又称重碳酸铵，简称碳铵。含氮 16.5% ~ 17.5%。白色或微灰色，呈粒状、板状或柱状结晶。易溶于水，碱性，容易吸湿结块、挥发，有强烈的刺激性臭味。

碳酸氢铵适于作基肥，也可作追肥，但要深施。作基肥时，最好结合翻耕整地深施，也可开沟深施或打窝深施，施肥深度要达 6 厘米以上。作追肥时，旱地应结合中耕深施，随后覆土浇水。

2. 尿素

含氮45%~46%。尿素为白色或浅黄色结晶体，无味，稍有清凉感；易溶于水，水溶液呈中性反应，肥料级尿素吸湿性明显下降。尿素是生理中性肥料。

尿素适于作基肥和追肥，也可作种肥。尿素适用于各种土壤和多种蔬菜，作基肥要求深施并覆土，施后不要立即灌水，以防氮素淋至深层，降低肥效。尿素最适合作追肥，一般要提前4~6天追施。尿素作根外追肥，露地蔬菜一般控制在0.5%~1.5%，温室蔬菜控制在0.2%~0.3%。

3. 过磷酸钙

过磷酸钙有效磷（$P_2O_5$）含量为14%~20%。深灰色、灰白色或淡黄色等粉状物，或制成粒径为2~4毫米的颗粒。其水溶液呈酸性反应，具有腐蚀性，易吸湿结块。

过磷酸钙可以作基肥、种肥和追肥。作基肥时，开沟或开穴，将肥料集中施于根系附近。作种肥时，可与腐熟粪肥混合拌种，也可单独拌种施用，单独拌种时应先用10%的草木灰或5%的石灰石粉中酸性，拌种后立即播种。蔬菜生育后期，可采用根外追施，稀释成浓度为1%~3%的溶液进行喷施。

4. 硫酸钾

含钾（$K_2O$）48%~52%。一般呈白色或淡黄色结晶，易溶于水，物理性状好，不易吸湿结块，是化学中性、生理酸性肥料。

可作基肥、追肥、种肥和叶面肥。作追肥宜早期施用。作基肥、追肥时采取条施、沟施、穴施的集中施肥方法，亩*施用量为7.5~15千克。作种肥亩用量为1.5~2.5千克。叶面施肥浓度为2%~3%。

5. 氯化钾

含钾（$K_2O$）50%~60%。一般呈白色或粉红色或淡黄色结

---

* 1亩约为667平方米，1公顷为15亩，其后省略，全书统一。

晶，易溶于水，物理性状良好，不易吸湿结块，水溶液呈化学中性，属于生理酸性肥料。

可作基肥、追肥，不宜作种肥。作基肥时在中性和酸性土壤上宜与有机肥、磷矿粉等配合混合使用。作追肥时宜提早施用，亩施用量一般为 5～15 千克。

6. 磷酸铵

磷酸铵系列包括磷酸一铵、磷酸二铵、磷酸铵和聚磷酸铵，是氮、磷二元复合肥料。

磷酸一铵含氮 10%～14%、五氧化二磷 42%～44%。外观为灰白色或淡黄色颗粒或粉末，不易吸潮、结块，易溶于水，其水溶液为酸性，性质稳定，氨不易挥发。

磷酸二铵含氮 18%、五氧化二磷计 46%。纯品白色，一般商品外观为灰白色或淡黄色颗粒或粉末，易溶于水，水溶液中性至偏碱，不易吸潮、结块，相对于磷酸一铵，性质不是十分稳定，在湿热条件下，氨易挥发。

可用作基肥、种肥，也可以叶面喷施。作基肥一般每亩用量 15～25 千克，通常在整地前结合耕地将肥料施入土壤；也可在播种后开沟施入。作种肥时，通常将种子和肥料分别撒播入土，每亩用量 2.5～5 千克。

7. 硝酸磷肥

硝酸磷肥主要成分是磷酸二钙、硝酸铵、磷酸一铵。含氮 13%～26%、五氧化二磷 12%～20%。一般为灰白色颗粒，有一定吸湿性，部分溶于水，水溶液呈酸性反应。硝酸磷肥主要作基肥和追肥。作基肥条施、深施效果较好，每亩用量 45～55 千克。一般是在底肥不足情况下，作追肥施用。

8. 磷酸二氢钾

磷酸二氢钾含五氧化二磷 52%、氧化钾 35%，灰白色粉末，吸湿性小，物理性状好，易溶于水，是一种很好的肥料，但价格高。可作基肥、追肥和种肥。因其价格贵，多用于根外追肥和浸种。喷施浓度 0.1% ~ 0.3%，在蔬菜生殖生长期开始时施用；浸种浓度为 0.2%。

**（二）常见有机肥料**

**1. 人粪尿**

人粪尿是一种养分含量高、肥效快的有机肥料，有人粪、人尿或粪尿混合物等。人粪尿特别适合保护地芹菜、莴苣、茼蒿、茴香、油菜等绿叶蔬菜上施用。人粪尿可作基肥、追肥使用，作基肥时，每亩用量一般为 5 000 ~ 6 500 千克，作追肥时以新鲜的人粪尿为主，但施用前必须加入相应的杀虫剂和杀菌剂，如阿维菌素颗粒、多菌灵等，稀释倍数为 3 ~ 4 倍，随水冲施。

**2. 厩肥**

马羊粪属热性肥料，可作温床发热材料，如茄果类蔬菜保护地育苗时，可作苗床土或营养土的配料。猪粪尿有较好的增产和改土效果，适用于各种土壤和蔬菜；腐熟好的猪粪尿可用做追肥，但没有腐熟的鲜粪尿不宜做追肥。马粪腐熟后适用于各种土壤和蔬菜，用做基肥、追肥均可；由于马粪分解快，发热大，一般不单独施用，主要用做温床的发热材料。牛粪尿多用作基肥，适于各种土壤和蔬菜物。羊粪尿同其他家畜粪尿一样，可用做基肥、追肥，适用于各种土壤和蔬菜；羊粪由于较其他家畜粪浓厚，在沙土和黏土地上施用均有良好的效果。

**3. 堆肥**

堆肥一般含有丰富的有机质，碳氮比较小，养分多为速效态；堆肥还含有维生素、生长素及微量元素等。

堆肥主要作基肥，每亩施用量一般为 1 000 ~ 2 000 千克。用量较多时，可以全耕层均匀混施；用量较少时，可以开沟施肥或穴施。作种肥时常与过磷酸钙等磷肥混匀施用，作追肥时应提早施用，并尽量施入土中。

**4. 沼气发酵肥**

沼气发酵产物除沼气外，沼液（占总残留物 13.2%）和池渣（占总残留物 86.8%）还可以进行综合利用。

一是沼渣作基肥。播种或大面积种植蔬菜每亩施 2 500 ~ 3 000 千克，可条施沼渣，同时，适当添加草木灰和过磷酸钙，基肥上要覆盖 6 ~ 7 厘米的厚土层。

二是沼液作追肥。一般可采用叶面喷施或灌根的方法。蔬菜幼苗期喷施沼液时，应稀释 1 ~ 1.5 倍，每亩蔬菜用沼液 45 ~ 55 千克。灌根的沼液施用量应视蔬菜品种而异，一般每亩菜田沼液用量以 500 ~ 2 500 千克为宜。

5. 其他有机肥料

其他有机肥料，也称为杂肥，包括泥炭及腐殖酸类肥料、饼肥或菇渣、城市有机废弃物等，它们的养分含量及施用如表 2 - 2 所示。

表 2 - 2　杂肥类有机肥料的养分含量与施用

| 名称 | 养分含量 | 施用方法 |
| --- | --- | --- |
| 泥炭 | 含有机质 40% ~ 70%，腐殖酸 20% ~ 40%；全氮 0.49% ~ 3.27%，全磷 0.05% ~ 0.6%，全钾 0.05% ~ 0.25%，多酸性至微酸性反应 | 多作垫圈或堆肥材料、肥料生产原料、营养钵无土栽培基质，一般较少直接施用 |
| 腐殖酸类 | 主要是腐殖酸铵（游离腐殖酸 15% ~ 20%、含氮 3% ~ 5%）、硝基腐殖酸铵（腐殖酸 40% ~ 50%、含氮 6%）、腐殖酸钾（腐殖酸 50% ~ 60%）等，多黑色或棕色，溶于水 | 可作基肥和追肥，作追肥要早施；液体类可浸种、蘸根、浇根或喷施，浓度 0.01% ~ 0.05% |
| 饼肥 | 主要有大豆饼、菜籽饼、花生饼等，含有机质 75% ~ 85%、全氮 1.1% ~ 7.0%、全磷 0.4% ~ 3.0%、全钾 0.9% ~ 2.1%、蛋白质及氨基酸等 | 一般作饲料，不做肥料。若用作肥料，可作基肥和追肥，但需腐熟 |
| 菇渣 | 含有机质 60% ~ 70%、全氮 1.62%、全磷 0.454%、钾 0.9% ~ 2.1%、速效氮 212 毫克/千克、速效磷 188 毫克/千克，并含丰富微量元素 | 可作饲料、吸附剂、栽培基质。腐熟后可作基肥和追肥 |
| 城市垃圾 | 处理后垃圾肥含有机质 2.2% ~ 9.0%、全氮 0.18% ~ 0.20%、全磷 0.23% ~ 0.29%、全钾 0.29% ~ 0.48% | 经腐熟并达到无害化后多作基肥施用 |

# 三、蔬菜安全用药常识

## （一）农药分类

农药的分类方法很多，可以根据农药来源、防治对象、农药的作用方式等分类。

### 1. 根据农药来源分类

农药按来源可分为矿物源农药、生物源农药和化学合成农药三大类：一是矿物源农药，是指由矿物原料加工而成，如石硫合剂、波尔多液、王铜（碱式氯化铜）、机油乳剂等。二是生物源农药，是利用天然生物资源（如植物、动物、微生物）开发的农药。由于其来源不同，可以分为植物源农药、动物源农药和微生物农药。三是化学合成农药，是由人工研制合成的农药。合成农药的化学结构非常复杂，品种多，生产量大，应用范围广。现已成为当今使用最多的一类农药。

### 2. 根据防治对象分类

可分为杀虫剂、杀螨剂、杀菌剂、杀线虫剂、除草剂、杀鼠剂和植物生长调节剂等。杀虫剂是用于防治害虫的药剂。杀螨剂是用于防治害螨的药剂。杀菌剂是用于防治植物病原微生物的药剂。除草剂是用于防除园田杂草的药剂。杀鼠剂是用于防治害鼠的药剂。植物生长调节剂是用于促进或抑制植物生长发育的药剂。

### 3. 按作用方式分类

可分为杀虫剂、杀菌剂、除草剂等。一是杀虫剂，可分为胃毒剂、触杀剂、内吸剂、熏蒸剂、特异性昆虫生长调节剂。二是杀菌剂，可分为保护性杀菌剂、治疗性杀菌剂、铲除性杀菌剂。三是除草剂，可分为选择性除草剂和灭生性除草剂。

## （二）农药剂型

农药剂型从大的方面分为固体制剂、液体制剂和其他制剂。

1. 固体制剂

主要有：粉剂（DP）、粉尘剂（DPC）、可湿性粉剂（WP）、可溶性粉剂（SPX）、干悬浮剂（DF）、微胶囊剂（CJ）、水分散颗粒剂（WD 克）、颗粒剂（GR）、片剂（TA）、水分散片剂、泡腾片剂、缓释剂、固体乳油等。

2. 液体制剂

主要有：水剂（AS）、微乳剂（ME）、水乳剂（EW）、悬浮剂（SC）、乳油（EC）、超低量喷雾剂（ULV）、静电喷雾剂、热雾剂、气雾剂等。

3. 其他制剂

主要有：种衣剂（SD）、烟剂（FU）等。

**（三）科学合理使用农药**

农药的科学合理使用就是要求贯彻"经济、安全、有效"的原则，从综合治理的角度出发，运用生态学的观点来使用农药。在生产中应注意以下几个问题。

1. 正确诊断，对症治疗

一般杀虫剂不能治病，杀菌剂不能治虫。因此，在施药前应根据实际情况选择最合适的药剂品种，切实做到对症下药，避免盲目用药。

2. 适期施药

农药施用应选择在病虫草最敏感的阶段或最薄弱的环节进行施药。防治害虫应在害虫的幼龄期。病害一般要掌握在发病初期施药。除草剂一般在杂草苗期进行最为有利。在蔬菜收获前一段时间，要停止使用化学农药，特别是需多次采收的茄果类和瓜类蔬菜。

3. 用药量、用药浓度和施药次数要合理

各类农药使用时，均需按农药说明书的用量使用，不可任意增减用量及浓度。在用药前，还应搞清农药的规格，即有效成分的含量，然后再确定用药量。

**4. 选用适当的剂型和科学的施药技术**

根据病虫草害的发生特点及环境，在药剂选择的基础上，应选择适当的剂型和相应的科学施药技术。例如，可湿性粉剂不能作为喷粉用，而粉剂则不可对水喷雾；在阴雨连绵的季节，防治大棚内的病害应选择粉尘剂或烟剂；对光敏感的辛硫磷拌种效果则优于喷雾；防治地下害虫则宜采用毒谷、毒饵和拌种等方法。

**5. 轮换用药**

长期使用同一种或同一类农药防治某种害虫或病菌，易使害虫或病菌产生抗药性，降低防治效果，病虫越治难度越大。因此，应尽可能地轮换用药，也应尽量选用不同作用机制类型的农药品种。

**6. 混合用药**

将2种或2种以上对病虫具有不同作用机制的农药混合使用，以达到同时兼治几种病虫、提高防治效果、扩大防治范围、节省劳力的目的。

**（四）安全使用农药**

**1. 严格遵守农药使用准则**

为了安全使用好农药，我国有关部门制定了《农药合理使用准则》国家标准，在农药使用准则中对农药的品种、剂型、常用药量、最高药量、施药方法、最多使用次数、最后一次施药与收获的间隔天数（安全间隔期）和最高残留限量都做了具体规定，一定要认真遵守。

**2. 农药的安全使用**

（1）要切实禁止和限制使用高毒和高残留农药，选用安全、高效、低毒的化学农药和生物农药。

（2）不购买"无三证"的农药。购回的农药要单独存放，不能与粮食、食油、饲料、种子等存放在一起，要放在儿童不能摸到的地方。

（3）掌握安全用药知识和具备自我防护技能，身体健康的成年人施药。一般情况下体弱多病、患皮肤病、农药中毒和患其他疾病未恢复健康的人以及哺乳期、孕期、经期妇女和未成年人不能喷施农药。

（4）开启农药包装、配制农药时要戴必要的防护用品，用适当的器械，不能用手取药或搅拌，要远离儿童或家禽、家畜。

（5）喷药人员应穿戴防护服，工作时应注意外界风向，操作人员应在上风方向，操作时应注意喷洒面要避开人员前进路线，避免人身黏附药液，采用顺风隔行喷药。

（6）禁止在喷药时吃、喝东西和吸烟。每天实际操作时间不宜超过6小时，中午气温高时，不宜施药。连续喷药3~5天后应换工作一次。

（7）每天施药后，要用肥皂及时洗手、洗脸并换衣服。皮肤沾染农药后，要立刻冲洗沾染农药的皮肤，眼睛里溅入农药要立即用清水冲洗5分钟。

（8）喷药过程中，如稍有不适或头疼目眩时，应立即离开现场，寻找一通风阴凉处安静休息，如症状严重，必须立即送往医院，不可延误等。

（9）每次喷药后要清洗施药器械，清洗的污水不能流入河流、池塘及鱼池等。施过药的园田要设立标志，一定时期内禁止放牧，割草或农事操作。

# 四、蔬菜机械与药械安全使用

## （一）耕地与整地机械

结合目前蔬菜生产，特别是保护栽培的需要，重点介绍较为适用的蔬菜犁地整地机械——无轮型旋耕机。无轮型又称半轴式旋耕机。例如，MI-3型耕耘机、蓝天牌1DN多功能微耕机、小牛600N中耕机等，结构都比较简单。无轮型旋耕机主要由风冷柴油或汽油发动机、机架、离合器、变速箱总成、旋耕刀滚或驱动轮、阻力铲等部件组成。表 2-3 是小型犁地机的技术规格。

表 2-3 小型犁地机的技术规格

| 项目 | 规格 | 备注 |
|------|------|------|
| 耕宽（毫米） | 600 | |
| 耕深（毫米） | 59~120 | 由耕耘尾轮控制 |
| 弯刀数量（把） | 16 | |
| 刀滚直径（毫米） | 390 | 最大可达 400 |
| 旋转方向 | 正转、反转 | 由换向手柄控制 |
| 变速方向 | 正转：3 挡；反转：3 挡 | 作业时禁止换挡和禁用调整 4 挡 |
| 生产率（平方米/小时） | 1 000~1 200 | |

整地的农业技术要求：整地，以利碎土和保墒。平整，无沟垄起伏。耙深符合要求，且深浅一致。耙透、不漏耙。表层细碎松软、平整，下层适当密实。

**（二）植保机械**

1. 背负式喷雾器

背负式喷雾器常见的型号有工农-16 型、云峰-16 型、联合-14 型、长江-10 型等，数字 16、14、10 分别代表药液箱的最大容量（L）。它们的结构和工作原理基本相似，现以工农-16 型为例介绍如下。

（1）基本构造。工农-16 型喷雾器主要由药液桶、液压泵、空气室和喷射部件等组成（图 2-1）。

（2）使用及保养。一是使用前先将清水放入药液桶内试喷。上下摇动手柄，检查吸、排液是否正常，各连接部位是否漏水，喷头喷雾是否正常。检修后再喷药液。二是加添药液时，不要超过桶身水位线（上部铁箍）。三是喷洒前先摇动手柄，使空气室内的压力达到工作压力后，打通开关进行喷雾。喷雾过程中还要连续平稳地摇动手柄，以保证空气室内的正常压力和喷头的雾化

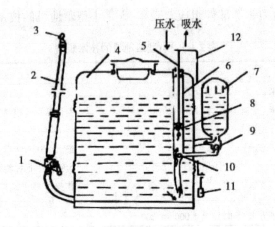

1. 开关；2. 喷杆；3. 喷头；4. 药液桶；5. 塞杆；6. 泵筒；
7. 空气室；8. 皮碗；9. 出水阀；10. 进水阀；11. 手柄；12. 连杆

**图 2 – 1　工农-16 型喷雾器结构**

质量。注意空气室内的药液不能超过安全水位线（上部夹环），避免空气室内压力过大而爆炸。四是使用中发生故障时，应立即停止工作，进行检修。五是喷雾结束后，应倒出残余药液，用清水洗刷干净。长期存放，应先用碱水或洗衣粉水洗，再用清水洗刷，揩干桶内积水，然后打开桶盖，倒挂在室内通风干燥处。拆下喷射部件，打通开关，倒挂阴凉干燥处。

2. **手持式超低容量喷雾器**

超低容量喷雾器，能将极少量不加水的液体农药制剂分散成很小的雾滴，均匀地覆盖在作物及防治对象表面。使用药液量少，一般为 300 毫升/亩左右。与普通喷雾器相比，具有工作效率高，劳动强度低，防治效果好，节省农药等优点。

（1）基本构造。这种喷雾器主要由把手、药液瓶、流量器、喷头、微型电动机和电源等部件组成。流量器的作用是输送药液和控制药液流量。喷头则由喷头座、喷嘴和雾化盘组成(图 2 – 2)。

（2）使用及注意问题。一是超低容量喷雾，要使用超低容量剂，不宜使用其他农药剂型。二是使用时装上电池，加好药液，打开开关，转动把手使药液瓶口向下，即可作业。停用时，先转动把手使药液瓶口向上，然后再关机。三是超低容量喷雾时，必须有2米/秒左右风的条件下作业，喷幅3~5米。无风时不能用，风速大于5米/秒或上升气流大时，也不宜使用。四是喷雾时行走速度要保持均匀一致，使雾滴分布均匀，以保证药效，防止药害。五是喷雾时必须严格按照操作规程进行，防止发生事故。

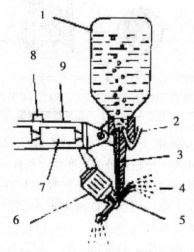

1. 药液瓶；2. 进气管；3. 流量器；4. 雾滴；5. 齿盘；
6. 微电机；7. 电源；8. 开关；9. 把手

**图2－2　手持式超低容量喷雾器**

3. 压缩式喷雾

常用的主要是552-丙型压缩式喷雾器，这是一种间隙加压式的手动喷雾器，它的药液箱兼作空气室，即药液箱的上部留出1/3左右的空间不装药液作空气室用。这种喷雾器贮气量较少，工作压力较低，每次加药液后中间要打 2～3 次气才能喷完。它适用于矮秆作物喷药，也可用于仓库、卫生防疫等喷药。

（1）基本构造。552-丙型压缩式喷雾器，主要由药液桶、气泵和喷射部件等组成（图 2－3）。

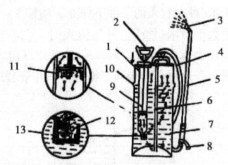

1. 泵筒；2. 塞杆手柄；3. 喷头；4. 胶管；5. 喷杆；6. 出水管；7. 药液桶；
8. 开关；9. 塞杆；10. 水位标记线；11. 皮碗；12. 球阀；13. 出气阀

图 2－3　552-丙型压缩喷雾器

（2）使用及保养。一是使用前先装清水试喷，经检修后再装药液。注意药液不要超过外壳标明的水位线。二是装药液后盖好加水盖，拧紧上边的螺母，防止漏气。上下抽动塞杆 30～40 次，使桶内达到工作压力后，打通开关进行喷雾。当压力下降，雾化不好时，停下再打气加压。一般一桶药液需打气 3～4 次才能喷完。三是工作完毕后必须先放气，然后倒出残液清洗。长期不用，应把各零部件的积水倒尽，擦干后放在阴凉干燥处保存。

# 第三章　蔬菜栽培基础

## 一、蔬菜的生长发育

　　蔬菜的生长发育周期，简称生育周期，是指蔬菜由种子萌发到再形成种子的整个过程，一般分为种子时期、营养生长时期和生殖生长时期。

### （一）种子时期

　　主要包括种子形成期和种子休眠期。种子形成期是从合子开始到种子成熟为止。种子成熟后大多都有不同程度的休眠期，种子经过一段时间休眠以后，遇到适宜的环境条件便萌发。

### （二）营养生长时期

　　从种子发芽开始至营养生长完成，开始发芽分化为止，分为4个时期。

　　1. 发芽期

　　从种子萌动开始到真叶出现为止。生产上要求选用发芽能力强而饱满的种子，并创造适宜的发芽条件，保证种子迅速发芽，幼苗尽早出土。

　　2. 幼苗期

　　从真叶出现即进入幼苗期，其结束标志因蔬菜种类而不同。幼苗期主要进行根、茎、叶的生长，生产上要创造良好的环境条件，培育壮苗，为丰产打好基础。

　　3. 营养生长盛期

　　幼苗期结束即进入营养生长盛期，其中心内容是根、茎、叶的生长，植株形成强大的吸收和同化体系。一年生果菜类，要通过旺盛营养生长形成健壮的枝叶和根系，为开花、结实奠定基础。二年生蔬菜要通过旺盛营养生长形成特定营养器官，积累并贮藏大量养分。

### 4. 休眠期

二年生蔬菜在进行旺盛营养生长之后，随着贮藏器官的形成即开始进入休眠期。休眠期应注意控制贮藏条件，尽量减少营养物质消耗，使之安全度过不适季节，有充足的营养进行再次生长。

### （三）生殖生长时期

从植株开始花芽分化至形成新的种子为止。可分为 3 个时期。

### 1. 花芽分化期

从花芽开始分化至开花前的一段时间，是蔬菜由营养生长过渡到生殖生长的形态标志。果菜类蔬菜一般在苗期就开始花芽分化，二年生蔬菜一般在产品器官形成，并通过春化阶段和光周期后，在生长点开始花芽分化，然后现蕾、开花。

### 2. 开花期

从开花至完成授粉受精过程为止。此期对温度、水分、光照反应敏感。

### 3. 结果期

结果期是果菜类蔬菜形成产量的关键时期，经授粉受精作用，子房发育为果实，胚珠发育为种子。

# 二、蔬菜的栽培环境

环境条件主要包括温度、光照、水分、土壤、空气和生物条件等。这些条件对蔬菜生长发育起决定作用。

（一）温度条件

1. 各类蔬菜对温度的要求

在影响蔬菜生长发育的环境条件中，以温度最为敏感。各种蔬菜的正常生长发育都有一定的温度范围，而且还需要有一定的积温，才能完成其整个生活周期。每一种蔬菜的生长发育都要求有其温度"三基点"，即最低温度、最适温度及最高温度。

根据各种蔬菜对温度的不同要求，可以分为5类：一是耐寒的多年生宿根蔬菜。如金针菜、石刁柏（芦笋）等，能耐0℃以下的甚至到 -10℃的低温。二是耐寒蔬菜。如菠菜、大葱、大蒜以及白菜类中的某些耐寒品种等，能耐 -2℃的低温，短期内可耐 -10℃的低温。三是半耐寒蔬菜。如萝卜、胡萝卜、芹菜、莴苣、蚕豆、豌豆白菜类和甘蓝类等。不能忍耐长期 -2℃的低温。四是喜温蔬菜。如茄果类、黄瓜和菜豆等。生长最适温度为20~30℃。五是耐热蔬菜。如冬瓜、南瓜、丝瓜、西瓜、甜瓜、豇豆和刀豆等。生长的最适温度为30℃左右，其中，西瓜、甜瓜及豇豆等在40℃时仍能生长。

2. 蔬菜不同生育期对温度的不同要求

种子萌发期要求较高的温度条件。适温范围：喜温、耐热蔬菜为 20~30℃，耐寒、半耐寒蔬菜为 15~20℃。在其适应范围内，温度升高，种子萌芽出土加快；温度偏低，则发芽慢，出土迟，养分消耗多，幼苗长势弱。幼苗出土前，宜保持较高温度，使种子迅速萌发并出土。出土后至第一片真叶前，应保持较低温度；蔬菜幼苗期适应温度的范围较宽。蔬菜的养分积累期也就是产品器官形成期，适应的温度范围较窄，在生产上，应尽可能安排在温度适宜的生长季，并有一定的昼夜温差，保证产品的优质高产。营养器官休眠期要求较低温度，降低呼吸消耗，延长保存贮藏时间。蔬菜进入生殖生长期后，不论是喜温蔬菜或耐寒蔬菜，均要求较高的温度。

### （二）光照条件

在生长发育过程中，蔬菜对光照时间的长短、光照的强弱，光质的变化等都是很敏感的，这些因素直接影响蔬菜的产量、品质和成熟日期。

**1. 光照度对蔬菜生长发育的影响**

蔬菜对光照度的要求可用光补偿点、光饱和点、光合强度（同化率）三个数值来表示。在我国各地的生长季节，露地光照度是完全能满足各种蔬菜生长发育要求的。在有冬季保护地栽培中，光照不足情况较突出。

蔬菜的种类不同，对于光照度的要求也不同，一般可分为下述三类：一是强光照类蔬菜。包括瓜类、茄果类、豆类和薯芋类。二是中等光照类蔬菜。包括葱蒜类、花椰菜、甘蓝、白菜、萝卜和胡萝卜等。三是耐弱光照类蔬菜。包括绿叶菜类等，例如莴苣、菠菜、茼蒿、苋菜和芹菜等。它们的光饱和点及光合强度都很低。

**2. 光质对蔬菜生长的影响**

光质是指光的组成成分，红、蓝、绿、紫、黄、橙等光。红光能加速长日照植物和延迟短日照植物的发育；紫光能加速短日照植物和延迟长日照植物的发育。蓝光下球茎容易形成；而在绿光下不会形成。紫外光有利于维生素 C 的合成。

一般长光波对促进伸长生长最有效，所以，在长光波下栽培的蔬菜，节间较长，茎较细。短光波有抑制伸长的作用，在短光波下生长的蔬菜，节间较短，茎较粗。在露地生长时，长短光波可以平衡，所以，生长正常。保护地中短光波透过达到蔬菜上极少，长光波透过多，所以，蔬菜容易发生徒长现象。

**3. 光周期对蔬菜生长习性及营养器官的影响**

一二年生蔬菜都受光周期作用的影响。习惯上把蔬菜分为长日照、短日照和中光照三种类型：一是长日照类蔬菜。长日照蔬菜在每日日照时间达 12 小时以上促进抽薹开花。例如，甘蓝、白菜、芥菜、萝卜、胡萝卜、芹菜、菠菜、莴笋、蚕豆、豌豆、大葱、大蒜和洋葱等属长日照蔬菜。二是短日照类蔬菜。短日照蔬菜要求每日日照时间在 12 小时以下才能分化花芽。例如，扁豆、木耳菜等属短日照蔬菜。三是中光照类蔬菜。中光照蔬菜则对日照时间长短要求不严格，长短日照条件下均可开花。例如，番茄、茄子、辣椒、黄瓜和菜豆等属中光照蔬菜。

**（三）水分条件**

1. 土壤水分对蔬菜生长影响

根据蔬菜对土壤水分的需要程度不同，可分为下列 5 类：一是水生蔬菜。植株的全部或大部分都浸在水中或沼泽地带才能生长。二是湿润性蔬菜。要求较高的土壤湿度和空气湿度，在栽培上要选择保水力强的壤土，并重视浇灌工作；如黄瓜、白菜、甘蓝和许多绿叶菜类等。三是半湿润性蔬菜。对空气湿度、土壤湿度要求不高。在栽培中要适当灌水，以满足其对水分的需要，这是需水量中等的蔬菜，如茄果类、豆类、根菜类等。四是半耐旱性蔬菜。要求较高的土壤湿度，在栽培上要保持土壤湿润，但灌水量不宜过大，如葱蒜类和石刁柏等。五是耐旱性蔬菜。有强大的根系，分布既深又广，能吸收土壤深层水分，故而抗旱能力强。如西瓜、甜瓜、南瓜、西葫芦和胡萝卜等。

2. 空气湿度对蔬菜生长的影响

按蔬菜对空气湿度的要求不同，可分为以下四类：一是要求较高的空气湿度。如黄瓜、绿叶菜类和水生蔬菜等，它们适于 85% ~95% 的空气相对湿度。二是要求中等偏高空气湿度。如白菜类、各种茎菜类、除胡萝卜以外的根菜类、马铃薯、豌豆和蚕豆等，它们生长适宜 75% ~80% 的空气相对湿度。三是要求较低的空气湿度。如茄果类、除豌豆、蚕豆以外的豆类，它们所适宜的空气相对湿度为 55% ~65%。四是要求低的空气湿度。如南瓜、西瓜和甜瓜等，适宜湿度为 45% ~55%。

3. 蔬菜不同生育期对水分的要求

种子发芽期要求充足的水分；如此期土壤水分不足，影响及时出苗。幼苗期易受干旱影响，应特别注意保持土壤湿度。营养生长盛期是根、茎、叶菜类蔬菜一生中需水量最多的时期；当进入种子发芽生长旺盛期以后，应勤浇多浇，促使迅速生长。开花结果期对水分要求比较严格。水分缺乏时使幼根、幼芽生长缓慢，花、果严重受害而引起落花、落果；水分过多时，则会促使茎叶徒长，同样也易发生落花、落果。

**（四）气体条件**

1. 氧气

各种蔬菜对于土壤中氧含量的反应不同，茄子根系受氧浓度的影响较小，辣椒和甜瓜根系对土壤中氧浓度降低表现得异常敏感。栽培上中耕松土、排水防涝，都可以改善土壤中氧气状况。

2. 二氧化碳

一般蔬菜植物进行光合作用，二氧化碳 0.1% 左右最适宜，而大气中二氧化碳浓度常保持在 0.03% 左右。在栽培中合理调整植株密度及时摘掉下部衰老的叶片，都有改善二氧化碳供应状况的作用。因此，在适宜的光照、温度、水分等条件下，适当增加二氧化碳含量，对提高产量有重要作用。蔬菜保护地栽培，可通过二氧化碳施肥，达到增产的目的。

3. 其他有毒气体

（1）二氧化硫。当空气中二氧化硫的浓度达到 0.2 克/立方米时，几天后植株便会出现受害症状。症状首先在气孔周围及叶缘出现，开始呈水浸状，然后在叶脉间出现"斑点"。对二氧化硫比较敏感的蔬菜有番茄子、萝卜、白菜、菠菜和莴苣等。

（2）氯气。氯的毒性比二氧化硫大 2~4 倍，如萝卜、白菜在 0.1 克/立方米浓度下，接触 2 小时，即可见到症状，即使低于 0.1 克/立方米浓度也可使叶绿素分解，导致叶产生"黄化"。

（3）乙烯。如气体中含有 0.1 克/立方米以上的乙烯，对蔬菜就会产生毒害，为害症状与氯相似，叶均匀变黄。黄瓜、番茄和豌豆等特别敏感。

（4）氨。在保护地中，使用大量有机肥料或无机肥料常会产生氨，使保护地蔬菜受害。尿素施后也会产生氨，尤其在施后第3~4天，最易发生，所以，施尿素后要及时盖土灌水，以避免发生氨害。白菜、芥菜、番茄和黄瓜对氨敏感。

### （五）土壤条件

#### 1. 土壤质地

由于蔬菜种植具有复种指数高、植株生长迅速、产品鲜嫩、产量高等特点，对土壤质地的要求也较高。

（1）沙壤土。此类土壤最适于耐旱的芦笋、瓜类和茄果类等蔬菜的早熟栽培，也适于根菜类和地下产品器官肥大的蔬菜生长。栽培上须多施有机肥料，重视多次适量追肥、适量浇水，并做好保肥、保水工作。

（2）壤土。壤土是一般蔬菜最适宜的土壤，质地松细适中，保水、保肥能力较好，土壤结构良好，便于耕作，且含有较多的有机质和矿物质营养。

（3）黏壤土。该类土壤适宜于晚熟品种，特别是最适宜大型结球白菜、甘蓝和许多水生蔬菜的高产栽培。

#### 2. 土壤酸碱度

大多数蔬菜都适于在中性或微酸性（pH值6~6.8）土壤中栽培。各种蔬菜对盐碱土的适应范围也不同。如菠菜、甘蓝类和除黄瓜以外的瓜类等，较耐盐碱；茄果类、豆类、大白菜、萝卜、黄瓜、莴苣和大葱等，耐盐性较弱；韭、蒜、芋、芹菜和芥菜等，有中等耐盐力。各种蔬菜的幼苗期耐盐性都较成年植株为弱。

### （六）营养条件

#### 1. 氮肥

氮肥供应充足，茎叶生长旺盛，色泽浓绿，长势健壮，产品柔嫩，高产优质，氮素不足时，生长迟缓、叶小色淡、低产质劣。但是，氮肥供应过多，又会引起植株徒长，延迟开花结果，同样不利于增产。叶菜类中的小型叶菜，如小白菜生长全期需要氮最多；而大型叶菜如大白菜，需要氮亦多，如果生育全期氮肥不足则植株矮小，组织粗硬；根菜类的幼苗期需多量的氮，适量的磷，少量的钾。茄果类、瓜类、豆类蔬菜的幼苗期需氮较多，磷、钾相对少些，如果氮不足则植株矮小。

2. 磷肥

磷肥供应充足，有利于蔬菜幼苗的生长，有利于茄果类、瓜类、豆类的果实成熟，且甜味浓、品质好；茄果类、瓜类、豆类蔬菜的开花结果期，磷的需要急增，而氮的吸收略减，如果后期氮过多而磷不足，则茎叶徒长，影响正常结果，如果磷、钾不足，则开花晚，产量、品质也随之降低。叶菜类中的小型叶菜，如小白菜生长盛期则需要增施适当的磷肥，生育全期后期磷不足时，则不易结球。块根块茎蔬菜的淀粉含量高，蔬菜制种的籽粒饱满。磷还能促进蔬菜根系对氮的吸收利用。在缺氮的土壤里，单施氮肥效果不好，必须与磷肥配合施用。

3. 钾肥

钾肥供应充足，植株的茎秆健壮，抗倒性增强。钾还能促进光合作用，在阳光不足的条件下，效果更为显著。许多蔬菜对钾的需要量很大，茄果类、瓜类、豆类在结果期需钾常大于氮素，根菜类养分积累期需要较多的钾，薯芋类等淀粉含量高的蔬菜，钾肥施用尤为重要。叶菜类中的小型叶菜，如小白菜生长盛期则需要增施钾肥，如果后期钾不足时，则不易结球。根菜类的根茎肥大期，需要多量的钾，适量的磷和较少的氮。根菜类的根茎肥大后期氮素过多，而钾供应不足，则生长受阻，发育迟缓。

4. 其他营养元素

其他营养元素包括微量元素，对蔬菜生长发育都有一定的作用。虽然需要量不多，但不能缺少。否则，就会引起"缺素症"，应及时予以补充。

# 三、南方蔬菜种类的识别

## （一）蔬菜分类

### 1. 植物学的分类

根据植物学形态特征，按照科、属、种、变种来进行分类的方法。我国蔬菜植物共有 20 多科，其中，绝大多数属于种子植物，双子叶和单子叶的均有。在双子叶植物中，以十字花科、豆科、茄科、葫芦科、伞形科、菊科为主。单子叶植物中，以百合科、禾本科为主。植物学分类的优点是可以明确科、属、种的形态、生理上的关系，以及遗传上、系统发生上的亲缘关系。但是，植物学的分类法也有较大缺点，比如，番茄和马铃薯同属茄科，但在栽培技术上差异很大，不利于经营者在生产中掌握。

### 2. 按照食用部位的分类

按食用部位的分类，可分为根、茎、叶、花和果五类，不包括食用菌等特殊种类。

（1）根菜类。主要有食用肉质根类，如萝卜、胡萝卜、芜菁甘蓝和芜菁等；食用块根类，如豆薯和葛等。

（2）茎菜类。主要有地下茎类，如马铃薯、菊芋、姜、藕、芋和慈姑等；地上茎类，如莴苣、茭白、菜薹、石刁柏和榨菜等。

（3）叶菜类。主要有普通叶菜类，如小白菜（青菜）、芥菜、芹菜、菠菜、苋菜、叶用莴苣和叶用甜菜等；结球叶菜类，如结球生菜、结球甘蓝和大白菜等；香辛叶菜类，如葱、芫荽、韭菜和茴香等；鳞茎类，如洋葱、大蒜、百合和胡葱等。

（4）花菜类。如花椰菜、青花菜、金针菜和朝鲜蓟等。

（5）果菜类。主要包括瓠果类，如黄瓜、南瓜、西瓜、甜瓜、冬瓜、瓠瓜、苦瓜和丝瓜等；浆果类，如茄子、辣椒、番茄等；荚果类，如豇豆、菜豆、刀豆、毛豆、豌豆和蚕豆等。

3. 农业生物学的分类

按照农业生物学分类法，可将蔬菜分为 11 类。

（1）根菜类。包括萝卜、胡萝卜和大头菜等。其特点是以肥大肉质根供食用；要求疏松肥沃、土层深厚的土壤；第一年形成肉质根，第二年开花结籽。

（2）白菜类。包括大白菜、青菜、芥菜和甘蓝等。其特点是：以柔嫩的叶球或叶丛供食用；要求土壤供给充足的水分和氮肥；第一年形成叶球或叶丛，第二年抽薹豆芽菜。

（3）茄果类。包括番茄、辣椒和茄子 3 种蔬菜，其特点是：以熟果或嫩果供食用；要求土壤肥沃，氮、磷充足；此类作物都先育苗、再定植大田。

（4）瓜类。包括黄瓜、冬瓜、南瓜、丝瓜、瓠瓜、苦瓜和菜瓜等。其特点是：以熟果或嫩果供食用；要求高温和充足的阳光；雌雄异花同株。

（5）豆类。包括豇豆、菜豆、蚕豆、豌豆、毛豆和扁豆等。其特点是：以嫩荚果或嫩豆粒供食用；根部有根瘤菌，进行生物固氮作用，对土壤肥力要求不高；除蚕豆、豌豆要求冷凉气候外，均要求温暖气候。

（6）绿叶菜类。包括菠菜、芹菜、苋菜、莴苣、茼蒿和蕹菜等。其特点是：以嫩茎叶供食用；生长期较短；要求充足的水分和氮肥。

（7）薯芋类。包括马铃薯、芋、山药和姜等，其特点是：以富含淀粉的地下肥大的根茎供食用；要求疏松肥沃的土壤；除马铃薯外生长期很长；耐贮藏，为淡季供应的重要蔬菜。

（8）葱蒜类。包括葱、蒜、洋葱和韭菜等。其特点是：以富含辛香物质的叶片或鳞茎供食用；可分泌植物杀菌素，是良好的前作；大多数耐贮运，可作为淡季供应的蔬菜。

（9）水生蔬菜类。包括茭白、慈姑、藕、水芹、菱和荸荠等。其特点是要求肥沃土壤和淡水层。

（10）多年生蔬菜。包括竹笋、金针菜和石刁柏（芦笋）等。一次繁殖后，可以连续采收多年，除竹笋外，其他种类地上部分每年枯死，以地下根或茎越冬。

（11）食用菌。包括蘑菇、草菇、香菇和木耳等。其中，有的是人工栽培，有的是野生或半野生状态。

**（二）南方主要蔬菜种类的识别**

1. 瓜类

瓜类蔬菜在我国南方栽培的种类很多，瓜类是葫芦科中以果实供食用栽培植物的总称。主要有南瓜、丝瓜、冬瓜、葫芦、西瓜、甜瓜、苦瓜、佛手瓜和蛇瓜等。瓜类蔬菜主要特征有：

第一，瓜类蔬菜大多为一年生的草本植物，佛手瓜为多年生。除黄瓜外，其他种类都有发达的根系，但根的再生力弱，栽培中均需要采取保护根系的措施。

第二，瓜类为蔓性植物，在主蔓的每一个叶腋里都能抽生侧蔓，侧蔓又能发生侧蔓。因此，在瓜类栽培上，一般采取整枝、压蔓或设立支架等技术措施。瓜类是雌雄同标异花的植物。

第三，瓜类蔬菜同属葫芦科的植物，有许多共同的病害，如枯萎病、疫病、霜霉病、炭疽病、白粉病等，对黄瓜、冬瓜等都产生严重的为害。

第四，瓜类蔬菜生长适宜的温度一般在 $20 \sim 30 ℃$ ，$15 ℃$ 以下生长不良，$10 ℃$ 以下生长停止，$5 ℃$ 以下开始受害。

第五，瓜类蔬菜按其结果习性，一般可分为 3 类：第一类以主蔓结果为主，第二类以侧蔓结果为主，第三类主蔓和侧蔓都能结果。

2. 茄果类

茄果类蔬菜包括番茄、茄子与辣椒（甜椒）等，同属于茄科，不但可以露地栽培，而且也适于保护地栽培。茄果类蔬菜主要特征有：

第一，茄果类蔬菜从播种育苗到采收，要经过种子发芽、幼苗生长、花芽分化、开花、授粉、结实。在栽培上，要尽量满足它们对每一生育阶段的要求。在生长初期有旺盛的营养生长，有发达的根系及茎叶；要适时地满足其生殖生长的要求，按照苗情、季节等情况，加强栽培管理，促其开花结实，成熟高产。

第二，番茄营养生长期间适宜温度为 20～25℃，开花结果期间的温度稍高一些。茄子适宜生长的温度为 20～30℃，比番茄及辣椒的要求高些。不管是番茄、茄子或辣椒，温度过低，尤其是夜间的低温，都会引起授粉不良及落花。但如果温度过高（高于35℃以上）也会引起落花。茄果类蔬菜，理论上是属于短日性植物，缩短光照时数，可以提早开花。

第三，茄果类以排水良好的肥沃的沙质壤土为宜，如果排水不良，土壤温度低，根系发育不好。茄果类的耐旱力，以辣椒较高，番茄及茄子较弱。番茄从土壤中吸收元素的数量，钾第一，氮次之，磷最少。辣椒吸肥能力较强，而对土壤的适应较广，在肥力比较差的条件下，也可以达到一定的产量。

3. 甘蓝类

甘蓝类蔬菜主要包括结球甘蓝、抱子甘蓝、花椰菜、青花菜和芥蓝。甘蓝类蔬菜主要特征有：

第一，结球甘蓝顶芽活动力强，开始长成叶簇，然后形成叶球；抱子甘蓝侧芽能形成许多小叶球；球茎甘蓝茎部短缩膨大成为球状肉质茎；花椰菜在顶端形成肥嫩花球。

第二，甘蓝类蔬菜在栽培上有很多共同的要求，它们喜欢温和、冷凉的气候，一般不耐炎热和寒冷，适宜在秋季温和气候条件下栽培。喜肥沃而不耐瘠薄，要求在富有腐殖质、保肥力强的土壤上栽培。喜湿润而不耐干旱，要求在灌溉条件下栽培。根的再生力强，一般适宜用育苗移栽。它们有共同的主要病害，如黑腐病、菌核病等，彼此不宜连作。

第三，甘蓝类蔬菜的花为复总状花序，一般呈深浅不同的黄色，但芥蓝有开白花的。为异花授粉植物，虫媒花在自然界有自交不亲和性。各变种之间可以互相杂交，与白花芥蓝也容易杂交，采种应隔离防杂。果实为长角果，内含种子20粒左右，种子圆形，深褐色，千粒重3.5~4.5克。

**4. 白菜类**

白菜原产我国，在我国栽培历史悠久，现在南北各地广泛栽培的主要分为大白菜（结球白菜）、小白菜（不结球白菜）和菜心（菜薹）三大类型。白菜类蔬菜主要特征有：

第一，白菜类蔬菜属十字花科芸薹属，花为复总状花序，黄色，为虫媒花。果实中种子排成两列，每个果实中含种子20粒左右。种子无胚乳，近圆形，褐色。千粒重2~3克。

第二，白菜类所感染的病虫害基本相同，尤其是霜霉病、白斑病、黑斑病和黑腐病等重要病害的病菌，会随着病残体在土壤中过冬。因此，种植白菜类不宜彼此前后接茬，应当按轮作要求，与豆类、茄果类、瓜类等蔬菜和其他农作物轮作，以减轻病害的发生。

第三，白菜类属半耐寒蔬菜，要求在温和冷凉的气候条件下生长。一般不耐严寒，也不耐炎热。

**5. 根菜类**

根菜类蔬菜是指由直根膨大而成为肉质根的蔬菜植物（块根类除外），主要有萝卜、胡萝卜、芜菁、根芹菜等。

根菜类蔬菜主要特征有：一是根菜类耐寒或半耐寒，肉质根的形成要求凉爽的气候和充足的光照。二是根菜类蔬菜要求土层深厚、排水良好、疏松肥沃的壤土或沙壤土。三是根菜类蔬菜适应性强，类型品种很多，产品耐贮运，在蔬菜周年供应中占有很重要的地位。根菜类蔬菜可生食、炒食、煲汤、腌渍或加工，食用方法多样。四是根菜类蔬菜多为异花授粉植物，品种间和遗传上相似的种间易于杂交，在留种栽培时需注意隔离。

6. 豆类

豆类蔬菜主要以嫩荚果、嫩豆粒及豆芽等供食用的豆科作物，包括豇豆、菜豆、豌豆、毛豆、蚕豆、扁豆和菜豆等。豆类蔬菜主要特征有：

第一，豆类蔬菜的种子较大，种子中无胚乳，子叶发达，其中贮藏大量的营养物质，容易发芽。由于子叶下胚轴的延伸能力不同，在出苗时有子叶出土和子叶不出土的区别，子叶出土的有豇豆、菜豆、毛豆等，播种时覆土不宜太深，否则不易出苗；子叶不出土的有豌豆、蚕豆等。除蚕豆处，其他豆类按其生长习性可分为有限生长型和无限生长型。有限生长型的植株在生长数节后其生长点即分化花芽。无限生长型的植株，其顶端常为叶芽，最初生长数节，节间短，仍可直立生长。豆类蔬菜的花为蝶形花冠。多数为自花授粉，天然杂交的可能性很少，所以，留种比较方便。但是，蚕豆为异花授粉，菜豆也有 0.2% ~ 10% 的品种为异花授粉。果实为荚果。豆类蔬菜的直根发达，根的再生力弱，因此，在栽培上多行直播。

第二，豆类蔬菜中，豌豆和蚕豆为长日照植物，适于冷凉的环境条件，比较耐寒。其他豆类则属于短日照植物，豆温或耐热。很多品种对光照长短的要求并不严格，但是，幼苗期时短日照能促进花芽分化。豆类蔬菜都比较耐旱。较低的土壤湿度除适于根瘤菌的生活外，也符合豆类生长发育的需求。豆类蔬菜一般以嫩豆秧或种子供食，但由于根瘤菌的作用，对氮肥需要较少而对磷钾肥需要较多。其他因种类与品种而有所不同，以采收嫩豆荚或根瘤不发达的豆类，仍需较多氮。

7. 绿叶菜类

结叶菜类蔬菜包括菠菜、莴苣、芹菜、荠菜、茼蒿、芫荽、生菜等嫩叶、嫩茎或嫩梢供食用。绿叶菜类蔬菜的主要特征有：

第一，绿叶菜的种类虽多，但依照它们对环境条件（主要是温度、日照）的要求可分为两大类：一类要求冷凉的气候，较耐寒，如菠菜、茼蒿、芹菜、芫荽、茴香、莴苣，生长适温15~20℃，可以安全越冬；另一类喜温暖，如苋菜、蕹菜等，生长适温20~25℃，10℃以下停止生长，遇霜冻死。绿叶菜对日照的反应也可分为两类：第一类属于长日性植物，如菠菜、芹菜等；第二类属于短日性植物，如蕹菜、苋菜等。

第二，多数绿叶菜生长期不长，自幼苗至成株随时可采收供食，利于茬口安排。植株一般较矮小或瘦小，种植密度较大，且适于与其他蔬菜间作，以增加复种指数，提高单位面积总产量。对氮肥需要量大，对土壤肥力要求不高，施肥宜淡施、勤施。绿叶菜栽培技术简易，但由于生长期短，复种指数高，采收费工和不耐运输。此类蔬菜种子多为果实，种子果皮多为革质，发芽一般较为困难。因此，在播种前常需进行种子处理（浸种或低温处理）。

8. 葱蒜类

葱蒜类蔬菜主要有大蒜、洋葱、大葱、小葱和韭菜等。

葱蒜类蔬菜主要特征有：一是葱蒜类蔬菜温度的适应范围比较大。北方除冬季外，其他季节也能栽培。二是葱蒜类蔬菜虽能适应各种土壤，但以表层疏松的土壤最适宜。三是葱蒜类蔬菜的根系不甚发达，根群的分布范围较小，吸水力较弱。四是葱蒜类蔬菜的叶片都为直立性，叶面积小，所以适宜密植。五是大葱、韭菜、分葱、青蒜等以采收叶片为目的的，需要较多的氮肥；洋葱、蒜头等以采收鳞茎为目的的，除用适量的氮肥外，还需要较多的磷、钾肥。六是大葱、韭菜、洋葱等用种子繁殖时，以用新种子为宜，因为这些蔬菜的种子容易失去活力。为此，在播种育苗时，苗庆的整地必须精细，床土疏松，且要经常保持土壤的湿润；播种后的覆土也要浅一些，以利发芽出土。

9. 薯芋类

薯芋类蔬菜主要有马铃薯、芋、姜、山药和甘薯等。它们有的是以地下块茎（如马铃薯、芋、姜）为食用部分，有的是以块根（如山药）为食用部分。薯芋类蔬菜主要特征有：

一是薯芋类蔬菜对温度和光照的要求因种类不同而不同。如马铃薯适宜在冷凉的气候条件下生长，而芋要求较高的温度；姜喜温暖、湿润的气候，山药则以高温、干燥为宜。马铃薯、芋是喜光植物，姜喜阴，不耐强烈的阳光。因此，在栽培过程中一般都采取遮阳措施。

二是薯芋类的食用器官是在土壤中形成和长大的，在栽培上应采用深耕、作垄、培土和合理排灌等措施来控制土壤的物理性状，以利于地下部分的形成和膨大。

三是薯芋类蔬菜中的马铃薯、芋、姜等较耐肥，应以堆肥、厩肥等有机肥为主。钾肥对薯芋类蔬菜的生长和养分的积累有重要作用，所以，增施钾肥也是提高产量的主要措施。

四是马铃薯虽有一定的耐旱能力，但在块茎形成期和膨大期必须要有充足的水分。芋耐旱力差，因此，在栽培上要特别注意水分管理。

五是薯芋类是用营养器官进行无性繁殖的，因此，用种量较大，成本较高。

10. 水生蔬菜

水生蔬菜主要有茭白、莲藕、慈姑、水芹、荸荠和菱等。水生蔬菜在整个蔬菜供应数量中虽比重不大，但由于大部分的种类耐贮藏和运输，供应的时间也较长，所以，对增加淡季蔬菜供应有一定的作用。

水生蔬菜在栽培上的共同特点：一是由于水生蔬菜大部分原产于温暖地区，因此，生长期间多数需要较高的湿度和充足的阳光。二是水生蔬菜长期生长在水中，根系较弱，根毛退化，甚至没有，因此，生长期间必须保持一定的水层。三是水生蔬菜除个别种类外，都用营养器官繁殖，如慈姑、荸荠等以球茎繁殖。

11. 多年生蔬菜

多年生蔬菜一次栽植后，可以连续采收多年。多年生蔬菜有芦笋（石刁柏）、香椿、百合等。由于这类蔬菜包括性质悬殊的各种作物，所以，无论在植物性状和对环境条件的要求方面，存在着很大的差异。因此，在栽培技术上也各不相同。

# 四、南方主要设施类型

## （一）阳畦

阳畦又叫冷床，是在风障畦的基础上，将畦底加深，畦埂加高、加宽，并且用玻璃、塑料拱棚以及草苫等覆盖，进行增温和保温，以阳光为热量来源的小型保护设施。

### 1. 结构

阳畦主要由风障、畦框、覆盖物3部分组成（图3-1）。由于阳畦南、北框的高度、风障倾斜度不同，阳畦可分为抢阳畦和槽子畦。槽子畦南、北框高度相同，风障与地面垂直；而抢阳畦的风障与地面有一定角度，而且南框低于北框，有利于更多地接受阳光，所以一般早春育苗多采用抢阳畦。

阳畦一般宽1.1~1.5米，长20~30米，其长宽可根据地点、用途、覆盖物宽窄和灌水条件来决定。育苗的阳畦为了保温，便于管理，净畦面一般宽1.1~1.2米。为了充分利用风障和保护设备，畦面可加宽至1.5米或更宽，畦长一般不要超过30米，过长会使浇水和管理都不方便。

阳畦要建造在背风向阳、土壤肥沃、排灌方便、离定植地较近，并与播种蔬菜不重茬的土地上。育苗畦和分苗畦一般在封冻前要进行挖土打墙，畦向东西，夯打时可用木板倚住打实，然后拉线切直，北墙一般高出畦面40~50厘米，厚30厘米，南墙高10~12厘米。南墙太高易遮光降温，以后可随幼苗生长垫砖或加土抬高南墙。墙土要深挖，不要把表土打在墙上，墙打好后再架设风障，并用塑料布或草帘遮盖，防雨雪淋塌。

阳畦的覆盖物包括透明覆盖物和不透明覆盖物。透明覆盖物

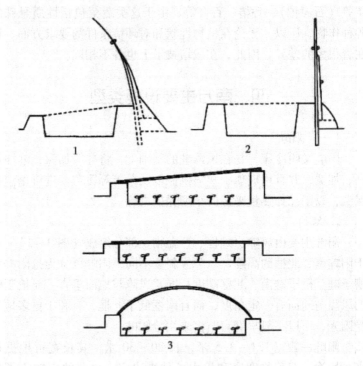

1. 抢阳畦；2. 槽子畦；3. 薄膜阳畦几种覆盖类型

图 3-1　阳畦类型

主要有玻璃和塑料薄膜；不透明覆盖物，各地因栽培习惯和材料不同，有苇草苫、稻草帘和简易棉褥等。

2. 生产应用

阳畦空间较小，不适合栽培蔬菜，主要用于冬、春季育苗。槽子畦的空间稍大，一些地方也常于冬季和早春栽培一些低矮的茎叶菜类或果菜类蔬菜。

（二）塑料小拱棚

塑料小拱棚是用细竹竿、竹片等弯曲成拱形，上覆盖塑料薄膜的一种保护性设施（图 3-2）。

1. 结构

一般棚中高低于 1.5 米，跨度 3 米以下，棚内有立柱或无立柱。小拱棚一般可按 2 个栽培畦的宽度设置。将竹片或木杆的两端分别插入南北两边畦背的外缘，沿畦长方向每隔 0.5 米插 1 根，并在中间畦背适当埋设立柱支撑，使棚架中间弓起高度为 1 米，棚长 10 ~ 20 米为宜，以利于放风、管理，棚为南北走向，棚架上覆盖 0.06 毫米厚的聚乙烯薄膜。

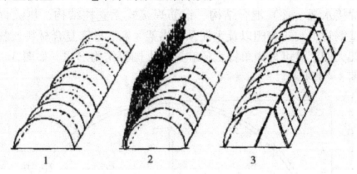

1. 拱圆棚；2. 拱圆棚加风障；3. 半拱圆棚

图 3 - 2 小拱棚

2. 生产应用

塑料小拱棚的空间低矮，生产上主要用于蔬菜育苗、矮生蔬菜保护栽培以及高架蔬菜低温期保护定值等。

（三）塑料大拱棚

简称塑料大棚，是指棚体顶高 1.8 米以上，跨度 6 米以上的大型塑料拱棚的总称。

1. 结构

主要由立柱、拱架、拉杆（纵梁、横拉）、棚膜、压杆五部分组成。立柱主要用水泥预制柱、竹竿、钢架等，作用是稳固拱架，防止变形。拱架所用材料主要有竹竿、钢梁、钢管、硬质塑料管等，作用是大棚的棚面造型以及支撑棚膜。拉杆所用材料主要有竹竿、钢梁、钢管等，作用是与拱架一起使整个棚架形成一个稳固的整体。棚膜一般为聚乙烯无滴膜、蓝色聚乙烯多功能复合膜等，作用是增温保温、防雨栽培。压杆所用材料主要有竹竿、大棚专用压膜线、粗铁丝、尼龙绳等，作用是固定棚膜。

塑料大拱棚一般宽 8 ~ 20 米（南方多为 4 ~ 6 米），中脊高 1.8 ~ 2.8 米，肩高 1 ~ 1.5 米，长 30 ~ 60 米，每栋面积 0.5 ~ 1 亩。结构类型有：竹木结构、竹木水泥（柱）混合结构、钢筋焊接水泥（柱）混合结构、钢筋焊接式无立柱结构、热镀锌薄壁钢管组装式大棚以及水泥预制拱架大棚、硅镁复合材料预制拱架大棚。又可分为单栋大棚和连栋大棚等结构形式，如图 3 - 3、图 3 - 4 所示。

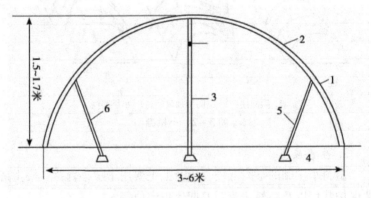

1. 竹片或竹竿拱杆；2. 薄膜；3. 木桩或竹竿支柱；
4. 固定支柱底座；5. 侧柱；6. 联结拉杆处

**图 3 - 3　竹木结构塑料大棚横切面**

2. 生产应用

塑料大棚跨度大，容量体积大，对高温、低温的缓冲能力强，内部可进行多种形式的保温覆盖，提高其防寒保温性能，可栽培多种作物，如黄瓜、架豆、番茄、茄子、甜椒、甜瓜、西瓜等，较露地早熟 20 ~ 40 天，秋季延后 25 ~ 30 天。

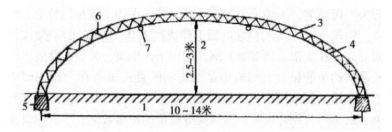

1. 大棚宽；2. 中高；3. 上弦；4. 下弦；5. 水泥墩；
6. 上下弦间的人字形钢条；7. 拉杆

图 3 - 4　无柱钢架大棚横断面

塑料大棚主要用于蔬菜的早熟和延后栽培，早春可以加茬栽植一茬快熟耐寒叶菜，如小油菜、小白菜和水萝卜等。

**（四）遮阳网**

目前，在南方蔬菜生产上应用的遮阳网，按颜色分有：黑色、白色、银灰色、绿色、蓝色、黄色和黑银灰色相间的双色网等种类。其中，以黑色、银灰色用途最广，用量最大。按幅宽规格分主要有：90 厘米、160 厘米、200 厘米和 400 厘米等规格。使用寿命 3 ~ 5 年。生产上视栽培方式和种植菜类的不同选用不同的遮阳网种类和规格。

1. 覆盖方式

遮阳网覆盖方式分为三大类，即浮面覆盖、搭架覆盖和部位覆盖。

（1）浮面覆盖。不用搭架直接覆盖遮阳网。按覆盖形式又可分为地面和植株上短时间覆盖。地面浮面覆盖是将遮阳网直接覆盖在地面上，多用于夏秋季蔬菜播种后的短期覆盖或定植前的土壤保墒，利于幼苗出土或定植。植株浮面覆盖是将遮阳网直接覆盖在蔬菜植株顶部，多用于夏秋季光照不太强、气温不太高的情况下，蔬菜简易覆盖栽培。

（2）搭架覆盖。将遮阳网覆盖在棚架上。棚架不同，又可分为平棚覆盖、大棚覆盖和小拱棚覆盖。平棚覆盖是用竹竿、木棒、钢丝（条）等材料在畦面上建成高 1.0~1.5 米的平架或斜面支架，在支架上覆盖遮阳网。适用于速生菜、叶类蔬菜的生产及夏秋幼苗假植。大棚覆盖是将遮阳网直接覆盖在大棚的棚架上。多用于夏季或早秋的茄果类、豆类、瓜类的延后栽培和甘蓝类、白菜类、绿叶菜类、葱蒜类等蔬菜的提早栽培。小拱棚覆盖是利用小拱棚的棚架，揭去薄膜后覆盖遮阳网。适用于豆类、瓜类育苗、假植，速生菜、叶类菜栽培及夏季育苗等。

（3）部位覆盖。按遮阳网覆盖的部位不同，又分为全覆盖和半覆盖。全覆盖是将遮阳网把棚架完全覆盖起来（相似春季薄膜覆盖），在连晴高温、干旱条件下全覆盖降温、保湿效果好。多用于连晴高温、干旱条件下的育苗或栽培。半覆盖是将遮阳网只覆盖在棚架顶部、上部，或棚架下部四周留出 30~60 厘米不覆盖，不但遮阳，而且通风透气好，多用于高温期间的雨后、阴晴相间气候条件下的蔬菜栽培。

2. 生产应用

根据栽培季节、菜类品种及栽培目的的不同，结合市场需求状况、地理环境条件、生产技术水平等综合因素，来决定采用遮阳网膜覆盖栽培的类型。

（1）遮阳网覆盖育苗。主要用于夏秋季甘蓝类、茄果类、绿叶菜类、葱蒜类、芥菜类蔬菜育苗。遮光、降温、减少床土水分蒸发、防暴雨保墒；春季豆类、瓜类育苗，防止早春霜冻等为害，损伤秧苗。提高成苗率，培育健壮秧苗。

（2）早春大棚蔬菜的后期覆盖栽培。大棚春季栽培的茄子、辣椒、黄瓜和冬瓜等在采收中后期，正逢高温、强光照气候，覆盖遮阳网，加强肥水管理，可延长蔬菜上市时间，提高单产，增加收入。

（3）夏秋菜栽培。夏末秋初栽培的番茄、茄子、豇豆、菜豆和黄瓜等蔬菜，采用遮阳网膜覆盖栽培，增加秋淡期间蔬菜的花色品种，延长蔬菜供应期，提高产量，经济效益显著。

（4）秋冬蔬菜提早栽培。秋冬蔬菜中的甘蓝（莲花白）、花菜、大白菜、莴笋、芹菜、大葱及速生小白菜等提早在夏季育苗栽培，秋季收获，一般可提早 20～40 天采收，增加秋令蔬菜淡季花色品种和上市量。

# 五、南方蔬菜生产计划

## （一）蔬菜的茬口安排

地理位置、气候差异、蔬菜对环境因素的需求和交通运输以及市场需求等各种因素的影响，导致各地蔬菜的供应与上市期在一年四季出现不均衡的现象，甚至出现明显的旺季与淡季。为了改变蔬菜供应和上市的这种旺季与淡季的不均衡状况，逐步实现全年供应，在生产中要求通过合理安排不同种植方式、不同蔬菜种类和品种的茬口，尽可能地实现"淡季不淡、旺季不旺"、增产增效的目标。

1. 露地蔬菜栽培茬口

南方地区露地蔬菜的主要季节茬口安排如下。

（1）越冬菜。秋季直播或育苗，冬前定植，来年早春上市。主要栽培一些耐寒或半耐寒性蔬菜，如芹菜、韭菜、莴苣、萝卜、生菜和豌豆等。

（2）春菜。春季播种或定植，春末至入夏后上市。耐寒或半耐寒蔬菜春末或夏初上市，如小白萝卜、小萝卜、菠菜、茼蒿和荠菜等。喜温性蔬菜，如茄果类、瓜类和部分豆类，入夏后大量上市。

（3）夏菜。春末夏初播种或定植，7～9 月蔬菜供应淡季，又分为伏菜和秋延菜。伏菜春末夏初定植或播种，夏末或秋初上市，如绿叶菜、耐热白菜和瓜菜等。秋延菜是选用一些茄果类、豆类蔬菜，进行越夏栽培，至秋末结束生产。

（4）秋菜。夏末秋初播种或定植，中秋后开始收获，秋末冬初收获完毕。多为耐贮藏的白菜类、根菜类、球茎类和绿叶菜类为主。

2. 大棚蔬菜茬口安排

（1）早春大棚茄果类蔬菜—小白菜或苋菜—秋延后瓜类蔬菜。早春大棚辣椒、茄子在 10 月中下旬播种育苗，番茄于 11 月播种，均在 2 月中旬至 3 月上旬定植，6 月下旬至 7 月上旬采收结束并进行清园。小白菜或苋菜则可随时播种，每茬生育期约 30 天。秋延后瓜类蔬菜于 7 月中下旬至 8 月中旬播种育苗，8 月中旬至 9 月上旬定植，12 月前采收结束。

（2）早春大棚瓜类蔬菜—小白菜—秋延后茄果类蔬菜。早春大棚瓜类蔬菜于 1 月下旬用电热温床育苗，2 月中下旬冷床播种育苗，2~3 月定植，6 月底至 7 月初采收结束。小白菜或苋菜则可随时播种，生育期约 30 天，然后再种植秋延后蔬菜，茄果类蔬菜于 7 月上中旬播种育苗，8 月中旬前后定植，并延后采收供应到 12 月至翌年 1 月结束。

（3）早春大棚瓜类蔬菜—秋延后茄果类蔬菜。早春瓜类蔬菜于元月中下旬电热温床育苗或 2 月中下旬冷床育苗，2~3 月定植，6 月下旬至 7 月初采收结束。秋延后茄果类蔬菜于 7 月上中旬播种育苗，8 月中旬前后定植，并延后采收供应到 12 月。

（4）早春大棚蕹菜—二茬小白菜—二茬秋冬芹菜。早春大棚蕹菜 2 月上旬直播栽培，6 月上中旬采收结束；6 月中旬至 7 月中旬随即播种一季小白菜，7 月中旬到 8 月中旬重茬播种一季小白菜，每茬的生育期约 30 天。7 月初异地播种育苗早秋芹菜，8 月下旬定植，9 月下旬开始收获上市，待收获结束后接着种植一茬秋冬芹菜，并一直收获到翌年 2 月。

（5）大棚早春辣椒—夏季西（甜）瓜—秋豌豆。早春大棚辣椒在 10 月中下旬至 11 月上旬播种，翌年 2 月中旬至 3 月上旬定植，7 月上旬采收结束。夏季西（甜）瓜在 6 月下旬营养钵异地育苗，待 7 月中旬辣椒收园后，及时定植西（甜）瓜，8 月下旬至 9 月上旬采收上市并及时收园；秋豌豆用中豌 4 号或中豌 6 号等品种，在 9 月中旬进行整地直播，10 月下旬始采并一直采收至 12 月下旬。

（6）瓜类蔬菜—莴苣—茄果类蔬菜。瓜类蔬菜于 12 月中旬播种育苗，翌年 1 月下旬至 2 月中下旬定植，6 月上旬采收结束。莴苣在 5 月中下旬播种育苗，6 月上旬定植，8 月下旬采收结束。茄果类蔬菜 8 月上旬异地播种育苗，9 月上旬定植，延后栽培可采收到 12 月至翌年 1 月。

（7）早春大棚豆类—小白菜—秋辣椒（瓜类、青花菜）—萝卜。早春大棚豆类于 2 月中旬播种育苗或直播，6 月采收结束。小白菜可随时播种，生育期约 30 天。秋延后茄果类蔬菜（如辣椒）于 7 月中旬播种，8 月中旬定植，12 月前采收结束，或者瓜类蔬菜于 7 月中下旬播种育苗，8 月上中旬定植，10～11 月采收结束。或者青花菜于 7 月中旬播种，8 月中旬定植，12 月采收结束，接茬的越冬萝卜可于 12 月进行直播栽培。

（8）绿叶蔬菜（如苋菜或小青菜）—矮生菜豆—小白菜—西（甜）瓜—雪里蕻。绿叶蔬菜元月上旬播种，矮生菜豆 2 月上旬播种于行间，4 月中旬开始收获。小白菜 6 月上中旬播种，7 月上中旬收获。小西（甜）瓜 7 月上旬播种，7 月下旬至 8 月上旬定植，9 月下旬开始采收。雪里蕻 10 月上旬播种，12 月采收。

（9）瓜类—早花菜（甘蓝、小白菜）—青蒜。瓜类蔬菜在 12 月中旬至翌年 2 月播种，7 月上旬采收结束。早花菜（甘蓝、小白菜）于 6 月中下旬至 10 月中旬进行播种栽培。青蒜在 8 月中旬至 12 月播种栽培。

**（二）蔬菜的种植方式**

1. 轮作

轮作是指在同一地块，几年内轮换栽培数种不同性质的蔬菜。多数绿叶菜类的轮作年限为 1~2 年，白菜类、根菜类、葱蒜类和薯芋类蔬菜为 2~3 年，茄果类、豆类和瓜类蔬菜为 3~4 年，西瓜为 4~5 年。

蔬菜轮作时应注意：一是同类蔬菜不宜进行轮作，如同科属蔬菜、产品器官相同蔬菜、根系类型相同蔬菜、对土壤酸碱度相同的蔬菜。二是要有利于改善栽培环境。三是轮作的形式要多样化，如同类蔬菜不同类型间轮作，逐区、逐块进行轮作等。

2. 连作

连作是指同一地块上，连年种植相同蔬菜的种植方式。蔬菜连作应注意：一是选用耐连作的蔬菜种类和品种；二是选用抗病虫品种；三是选用配套的栽培方式，如无土栽培或嫁接栽培方式等；四是要有配套的生产管理技术，如土壤消毒技术、土壤改良技术、配方施肥技术以及合理灌溉技术等结合进行。

3. 间作与套作

将两种或两种以上的蔬菜隔畦或隔行同时种植在同一块菜地的种植方式为间作。在某种蔬菜的栽培前期或后期，于其行间或畦间种植另一种蔬菜的种植方式为套作。安排蔬菜间套作应注意：一是以主要蔬菜为主，保证其对肥水、温光的需求；二是蔬菜搭配要合理，应选择形态、生态及生育期长短不同的蔬菜进行搭配；三是要有配套的技术措施，如宽窄行种植、蔬菜育苗移栽、加大肥水投入等。

4. 混作

混作是将两种或几种不同种类的蔬菜混合播种于同一地块并且共生的种植方式，由于管理复杂，应用较少。

# 第四章　蔬菜设施育苗与定植技术

## 一、育苗准备

### （一）育苗设施的消毒

1. 育苗大棚的消毒

大棚可在夏季进行日光高温消毒，或在育苗后种植葱蒜类蔬菜改变阳畦土壤的菌落组成，达到间接消毒的作用。

2. 阳畦的消毒

阳畦一般利用夏季日光高温消毒，或在育苗后种植葱蒜类蔬菜改变阳畦土壤的菌落组成，达到间接消毒的作用。

### （二）营养土准备

1. 营养土的消毒

可采用50%福美双、90%敌克松、75%五氯硝基苯和50%多菌灵等药剂每平方米8~10克，或40%甲醛每平方米50毫升，对土壤进行消毒处理，但甲醛处理应在播种前15~20天进行，并要用水适量稀释后再施用，施用后要翻匀后覆盖4~5天，然后每3天翻动1次，10~15天后待药液充分挥发后方可用，以免产生药害。

2. 营养土配制

配制播种畦的营养土时，可用肥沃的园土6份，充分腐熟的马粪、圈肥或堆肥4份相配合；配制分苗畦的营养土时，用肥沃的园土7份，腐熟的马粪、圈肥或堆肥3份相配合。另外，在每立方米营养土中还需加入腐熟捣碎的大粪干或鸡粪等15~25千克，过磷酸钙0.5~1千克，草木灰5~10千克。无过磷酸钙和草木灰时，每立方米营养土可加氮、磷、钾复合肥0.5～1千克代替。有草炭土的地方，还可以按草炭土40%、陈马粪30%、腐熟捣碎的大粪干10%、园土20%的比例配制营养土。配制好营养土后，要充分掺匀，播种畦铺垫10厘米，分苗畦铺垫10～12厘米。

苗床施用的有机肥料，一定要充分腐熟，切忌施用生粪和未能发酵的饼肥，以免施后发热烧苗。

**（三）育苗设施准备**

1. 高架育苗设施

（1）营养盘。一般育苗盘多为塑料（或木条）制成的大小不同的育苗专用盘。盘底有漏水的小孔，防止积水沤根。可用于床土育苗、无土育苗。

（2）营养袋。营养袋多为塑料筒，一般芹菜育苗用6厘米宽幅的营养袋，番茄、辣椒育苗用8厘米宽幅的营养袋，茄子育苗用9厘米宽幅的营养袋，瓜类用10厘米宽幅的营养袋。

（3）高架育苗床。将水泥杆或木桩埋入土中50厘米，扎稳育苗床架，水泥杆或木桩隔2米栽一个，育苗床的长度由育苗温室确定；地上育苗床高80厘米，育苗床宽1.6～1.7米，床面垫层铺6～7厘米的椽子，垫层上再铺木板皮，床面表层再铺6～7厘米厚的炉灰。

（4）穴盘。育苗穴盘的育苗小穴呈倒锥形，上面大，下面小，底部开口。穴盘用高密度固体泡沫聚苯乙烯制成，很牢固，可重复使用20～25次，穴盘育苗规格为54厘米×28厘米，盘上有锥形孔。孔数不等，常用的有50孔、72孔、128孔与288孔等多种。可根据苗龄长短进行选择。一般50孔、72孔可育4～5叶龄番茄苗，2～3叶龄黄瓜苗。

（5）基质。最适合育苗的基质配制是草炭：蛭石＝2：1。也可采用草炭：蛭石：菇类废料＝1：1：1。以草炭、蛭石、锯末、花生壳等为基质，本身虽含有一定量营养，但对大多数蔬菜幼苗生长来说,在配制基质时应考虑加一定量元素。每立方米基质中可加氮、磷、钾(15:15:15)复合肥料0.5~1千克。或生长期浇灌营养液。基质按一定比例混合后喷水、充分拌匀、装盘。

2. 地床

地床常称为普通育苗床,没有增加地温的设备又常称之为冷床。为了改善苗床的湿度状况,在严冬季节可以临时生火炉,也可以畦面架设小拱棚增温保温。地床育苗的特点是投资小、简便易行。缺点是严冬季节地温难以保障,会造成出苗缓慢、出苗不齐、不出苗、烂籽等问题。

**(四)种子处理**

1. 种子消毒

播前种子处理,一是可培育壮苗,二是可防止病害。

(1)干热消毒。多用于番茄种子处理。先晒种,使其含水量降至7%以下,置于70~73℃的烘箱中烘烤4天,尔后取出浸种催芽,可防治多种病害。

(2)黏液清除。一般种子表面都有一层黏液包裹,播前用1%的小苏打水溶液浸种12~25小时,反复搓洗几遍,漂洗干净就可除掉种子周围的黏液,以促进发芽快而整齐。

(3)温汤浸种。温汤浸种是打破种子休眠,促进种子发芽、灭菌防病,增强种子抗性的有效措施。浸种时水温和时间要准确,并且浸到时间后要立即冷却。可预防番茄早疫病、茄子褐纹病、甜椒炭疽病、黄瓜细菌性角斑病以及芹菜斑枯病等。

(4)白酒浸种。种子、白酒和水按1:0.5:0.5的重量比例,先将白酒和水对好,再把种子放进去浸泡10分钟,捞出后用清水洗净。

(5)漂白粉泥浆。将漂白粉对入泥浆中,漂白粉用量按10~20克/千克种子有效成分计算。泥浆用量以正好将种子拌匀为度,混匀后,放入容器封存16小时,能够有效杀灭甘蓝、白菜、花椰菜、芹菜和萝卜等种子上的黑腐病菌。

（6）高锰酸钾溶液浸种。先将种子放在50℃的热水中浸5分钟，再浸入1%的高锰酸钾溶液中15分钟，最后用清水冲洗干净。

（7）氢氧化钠浸种。用清水将菜种浸4小时，然后置于2%氢氧化钠溶液里15分钟，再用清水冲洗、晾18小时。此法能预防蔬菜病毒、炭疽病、角斑病和早晚疫病等，并可分解种皮外的黏液和油质，避免幼苗烂根。

（8）氯仿浸种。氯仿又称三氯甲烷，是杀菌能力较强的有机溶剂，可杀灭菜种内外的病毒和真菌，能溶解种皮的果胶和黏液，兼有催芽作用。用4份白酒加1份氯仿，用量以淹没种子即可，浸种10分钟后用洗衣粉溶液浸泡5分钟，然后用清水冲洗，晾6小时即可播种。

（9）硫酸铜溶液浸种。先用清水浸泡种子4～5小时，其后放入10%的硫酸铜溶液中浸5分钟，取出后冲洗数次即可催芽播种。

（10）甲基托布津浸种。先将种子暴晒6小时，再用0.1%甲基托布津水溶液浸种1小时，然后用清水浸泡3小时，晾18小时，可预防真菌类病害。

（11）药剂拌种。将种子装入干净的容器内，再按种子重量的0.3%～0.6%加入福美双、多菌灵等药剂，使药剂均匀地黏附在种子表面，能杀灭多种虫卵。

2. 种子浸种

浸种分高温浸种和常温浸种。一般高温浸种时间较短，但是，最常用的灭菌防病措施。高温浸种时水温和时间要准确。黄瓜、番茄浸种水温为55℃，浸种时间为5分钟；甜椒、茄子浸种温度为50℃，浸种时间为5分钟；芹菜为48℃，浸种时间为20分钟。可预防番茄早疫病、茄子褐纹病、甜椒炭疽病、黄瓜角斑病和芹菜斑枯病等。

高温浸种完成后，要立即降温，转入到 20~25℃ 的温水中进行温水浸种。一般只需浸泡 6 小时。

3. 种子催芽

蔬菜种子经过催芽处理后再育苗或直播，不仅有利于苗齐、苗壮，而且能促进蔬菜早熟、高产。催芽温度（表4-1）。可用变温法处理，在 30%~50% 的种子露白时，将种子放入 8~10℃ 下处理 8~10 小时，然后再加温处理，可达到芽齐芽壮的效果。

表4-1　几种蔬菜催芽的温度（℃）和时间（天）

| 蔬菜种类 | 最低温度 | 最适温度 | 最高温度 | 前期温度 | 后期温度 | 需要天数 |
|---|---|---|---|---|---|---|
| 番茄 | 11~13 | 24~25 | 30 | 25~30 | 22~25 | 2~3 |
| 辣椒 | 13~15 | 25~28 | 35 | 30~35 | 25~30 | 3~5 |
| 茄子 | 11~13 | 25~30 | 35 | 30~32 | 25~28 | 4~6 |
| 葫芦瓜 | 13~15 | 25~26 | 32 | 26~27 | 20~25 | 2~3 |
| 黄瓜 | 13~15 | 25~28 | 35 | 27~28 | 20~25 | 1~2 |
| 早甘蓝 | 8~10 | 20~22 | 28 | 20~22 | 15~18 | 1~2 |
| 芹菜 | 5~8 | 18~20 | 25 | 15~20 | 13~18 | 5~8 |

（1）沙子催芽法。取干净的河沙，用开水浸烫后，晾成半干，与已浸泡的种子混合，河沙和种子的比例是 1.5:1，混拌均匀后，放到热水袋或洁净的容器里，保持适宜的温度催芽。

（2）瓦盆催芽法。把浸泡的种子晾成半干，放在清洁干净的瓦盆里，上盖清洁的白布或纱布，以便保温保湿，放在烟道上或火炕上，在适宜温度下催芽，每隔 2~3 小时上下翻动一次，使种子受热均匀。

（3）水袋催芽法。用橡胶水袋或塑料袋内装 2/3 的 30℃ 左右的温水，把已浸泡膨胀的种子装入干净的白布或纱布袋里，放到热水袋上，外面盖上干净的湿毛巾，水袋内的水经常保持种子发芽所需的适宜温度，如果水袋里水温过低，可加入热水调至适宜的温度。

## （五）保护地育苗方式

保护地育苗方式基本上分3种类型。

### 1. 保温苗床育苗

就是冬春之际利用太阳光能增加苗床内温度育苗，由于没有人工补温措施，冬季育苗不太安全。

### 2. 加温苗床育苗

一般8米跨度的大棚内设两个电热温床，中间走道60厘米，两边各一个苗床2米宽，边缘留70厘米宽，摆放草帘用。苗床电热线功率标准：90～100瓦/平方米，线距（600瓦）7.5厘米或（800瓦）8～9厘米。

为了便于接线，布线条数应是双数，两个接头同在苗床一侧，布线中间稀、边缘密，使苗床温度均匀。电加温线与控温仪的连接有两种方法：育苗面积小，总功率不超过2 000瓦，用220伏电源，可用单线连接法；育苗面积大，总功率超过2 000瓦，可用380伏三相电，用星形连接法。

为节约用电，减少热量损失，提高保温效果，最好在育苗床土下铺5～6厘米厚的畜粪、麦秸等混合物，形成隔热层。在隔热层上铺3厘米厚床土后，铺设电热线，布线后再铺8～10厘米厚的床土；也可把育苗钵或营养土块等直接搁在电热线上。在电热温床上再扣小拱棚，夜间加盖薄膜、草帘等，保温效果更好。

### 3. 穴盘无土育苗

穴盘育苗是以草炭、蛭石为基质，穴盘为育苗容器，以机械精量播种机播种，一次成苗的现代化育苗体系，配合现代温室大棚或塑料大棚，进行蔬菜等作物育苗技术的专业化、工厂化和商品化生产。

（1）苗床设置。在标准钢架大棚内育苗可分设左右两个苗床，中间留一条操作道。苗床的规格为：冬春季育苗床宽1.65米，每床纵向排列5排育苗盘，两床间操作道宽0.7米，苗床与大棚两侧边缘间距为1.0米；夏秋季育苗床宽2米，每床纵向排列 6 排育苗盘，两床间的操作道宽 0.6 米，床与大棚两侧边缘间距为 0.7 米。苗床的长度可视大棚的具体情况而定。

育苗时在苗床表面铺设一层没有破损的薄膜，起到隔热、保湿，防止多余的水分和营养液渗入地下。冬春育苗的苗床要在薄膜上铺设电加温线，再将育苗盘平铺在电加温线上，电加温线铺设的功率为 120 瓦/平方米。

（2）营养液池。穴盘轻基质育苗的施肥采用喷洒的形式，营养液池的建造可因地制宜，根据具体情况修建，容积大小以苗床面积喷施 1.5 千克/平方米的标准来配置。营养液含有氮、磷、钾、钙、镁、硫、铁 7 种大量元素和锰、硼、锌、铜、钼 5 种微量元素的营养液肥。由于营养液的配制过程比较复杂，一般由蔬菜技术部门统一配制，育苗单位取回使用前按其组合物的先后溶解顺序，依照一定比例混合对水稀释使用。

# 二、播种技术

## （一）育苗播种方式

### 1. 撒播

把种子均匀撒在畦面上，然后按种子大小覆盖一定厚度的细土为撒播。撒播法一般适用于生长迅速、植株矮小、适于密植的速生的绿叶菜、小萝卜、香辛菜类（小葱、韭菜、茴香和芫荽等）及苗床播种，对生长期长但植株直立、所占营养面积小的蔬菜（如葱等）也适用。

撒播法适于畦播。在平整好的畦面上均匀地撒上种子然后覆土镇压。畦面可以先划成不规整的沟，后播种，播后用平耙平地，完成覆土。也可以直接撒于畦面，然后用耙或四齿镐划沟，使种子散落于沟内。如果是先播种再灌水，称之为干播，先打底水后播种时称之为湿播。湿播的质量好，出苗率高。

## 2. 条播

在平整好的土地上（畦内或垄上）按一定距离开沟，然后播种、覆土、镇压，这种播种方法叫条播。条播方式有垄作单行条播、畦内多行条播和宽幅条播等，行距因蔬菜种类而异。条播法适合生长期较长、需要营养面积较大和多次中耕除草的蔬菜，如大白菜、菠菜、萝卜、根用芥菜、芹菜、洋葱以及胡萝卜和大蒜等。此方法播种深度较一致，在一定程度上具有撒播的优点，种苗集中于行内，有一定行距，便于机械播种及中耕等管理。用种量也较少。

## 3. 点播

点播也称穴播。播种时先按行距和株距开穴，每穴播种子1粒或多粒，播后盖土，尤其是播种已发芽的种子，更应立即盖土。这种方式适宜生产期长、需要营养面积大的中耕蔬菜，如大白菜、大型萝卜、茄果类、瓜类、豆类和马铃薯等。

点播有干播与湿播两种。干播是先播种后浇水；湿播是先浇水后播种。干播时应注意播时深浅一致，播后镇压保墒，保证出苗整齐。根据行距大小不同，点播方式有宽行点播、正方形点播、交叉点播、正方形丛播（丛栽）等。宽行密植对大型叶菜、根菜、茄果类、瓜类、薯芋类等更为适宜。正方形点播对大白菜、甘蓝等蔬菜更合理。

## 4. 机械播种

机械播种是今后的发展方向，而且机播时往往可一次同时完成起垄（筑埂）、播前镇压（平畦）、开沟、播种、覆土、播后镇压等作业，而且播种质量较好，工作效率亦高，节省劳力，保障农时。一般多是条播。可应用于大白菜、萝卜、小白菜、小油菜和菠菜等。

### （二）播深与覆盖

#### 1. 播深

蔬菜的播种深度，与种子大小、土壤质地、种子发芽与否、土壤温湿度等因素有关。高温干燥及土壤沙性条件下应适当深播；次之，可适当浅播。

2. 覆盖

小粒种子的覆土厚度一般为 1 ~ 1.5 厘米，中粒种子 1.5 ~ 2.5 厘米，大粒种子 3 厘米左右，一般盖土厚度为种子直径的 5 ~ 7 倍。适宜的覆土厚度及适温下，常见蔬菜播后出土日期是：白菜类 3 ~ 4 天，豆类、茄果类 7 ~ 8 天，菠菜、胡萝卜、芹菜、芫荽、葱和韭菜等 10 ~ 15 天。蔬菜育苗覆土厚度与出苗日数如表 4 - 2 所示。

表 4 - 2　蔬菜育苗厚度与出苗日数

| 蔬菜种类 | 覆土厚度（厘米） | 适宜湿度（℃） | 出土日数（天） |
|---|---|---|---|
| 黄瓜 | 1 ~ 2 | 25 ~ 30 | 1 ~ 2 |
| 西葫芦 | 1.5 ~ 2 | 25 ~ 30 | 2 ~ 3 |
| 芹菜 | 0.2 ~ 0.5 | 13 ~ 18 | 10 ~ 15 |
| 洋葱 | 1 ~ 2 | 15 ~ 18 | 10 ~ 15 |
| 番茄 | 0.5 ~ 1 | 25 ~ 28 | 3 ~ 4 |
| 辣椒 | 1 ~ 1.5 | 25 ~ 30 | 7 ~ 8 |
| 茄子 | 0.5 ~ 1 | 25 ~ 30 | 7 ~ 8 |
| 早甘蓝 | 0.5 ~ 1 | 15 ~ 20 | 3 ~ 4 |

（三）播种的关键环节

播种的关键环境包括播种时机的确定、苗床浇水和播种要领、计划单位面积的播种量、配制覆盖营养土等内容。

1. 播种时机的确定

春提早温室育苗，辣椒的育苗期需要 60 ~ 65 天，苗龄要 6 ~ 7 片真叶、显大蕾；根据适宜定植期为 3 月下旬向前推算，播种期应在 1 月初；番茄、茄子的育苗期需要 55 ~ 60 天，苗龄要 6 ~ 7 片真叶、显大蕾；根据适宜定植期为 3 月下旬向前推算，播种期应在 1 月中旬；黄瓜的育苗期需要 40～45 天，苗龄要 4～5 片真叶；根据适宜定植期为 4 月上旬向前推算，播种期应在 2 月中旬。

2. 苗床浇水和播种要领

盘式育苗在播种前要先将营养土精细整平，用喷洒壶浇水，注意不能使营养土平面出现明显的水蚀坑，直到积水高出土面 1～2 厘米，渗下后于播种前再洒湿，以达到浇透水的效果。这样使营养土保持足够的水分，导致在出苗期尽可能地不再补充水分。

催芽后种子出芽高或芽偏长，在播种时拌和细砂或炒熟的大小相近的种子均匀撒播；若种子出芽率低或芽较短壮，可用嘴直接喷撒，均匀分布。用嘴直接喷撒种子时，四周可用纸板隔离，以防种子乱飞。播种完毕随即覆土，再覆盖薄膜保湿。播种要保证不伤芽，均匀覆土。播法可拌种撒播或用嘴吹喷播，拌种可用炒熟的废籽或细沙。大粒种子用镊子点种，切忌直接拿种子。播种前营养土要浇透水，苗出齐以前一般不宜浇水，以防土壤板结。番茄、辣椒等小颗粒种子，一般播后覆土厚度 1～1.5 厘米，大粒种子如黄瓜覆土 3～4 厘米。覆土以后用薄膜覆盖有利于出苗。

大面积穴盘育苗为保证出苗的整齐度，事先提前播种，用干种子播种，一般一穴播种一粒，叠层备用。到育苗期时同时浸水、摆盘和加温出苗。

3. 计算播种床面积

根据不同蔬菜种类和育苗方式，正确计划和留好育苗面积。育苗与分苗所占面积的比例。番茄、茄子的盘式育苗每亩需 3～4 平方米，分苗需 30 平方米；辣椒的盘式育苗需 4～6 平方米，分苗需 25 平方米；黄瓜营养袋育苗需 40 平方米（表 4－3）。

**表4-3 不同蔬菜苗需播种床面积** （平方米）

| 蔬菜名称 | 番茄 | 辣椒 | 茄子 | 黄瓜 | 葫芦瓜 | 早甘蓝 | 花椰菜 | 芹菜 | 莴笋 |
|---|---|---|---|---|---|---|---|---|---|
| 每亩需播种床面积 | 3~4 | 4~6 | 3~4 | 35~40 | 15~20 | 3~4 | 3~4 | 25 | 2.5~3 |

4. 配制覆盖营养土

覆盖的土要事先单独配制好，以壤土为佳，土质要疏松，不能过湿，也不能太干，呈手捏即成团，落地即散状态。覆盖营养土中的园土和肥料一般是在前一年秋夏就过筛准备好的。肥料最好用发酵后的牛粪细末，其有机质含量高，肥力低且温和，易掌握，使用前要过筛。用木板和1~2目的铁筛制作。在生产中腐熟牛粪的拌肥量，辣椒不要超过14%、番茄不超过18%的比例为好。

蔬菜种子在出土时所需的营养主要依靠自身贮藏的养分就可满足，不需要在覆盖的土和育苗土中拌很多肥料，更不需要拌和肥力过强的肥料，如鸡粪、羊粪等。往往在营养土中拌入肥料过多，造成严重的肥害"烧苗"事件也屡见不鲜。

（四）播种量

根据不同蔬菜种类、不同种植方式（育苗、直播）或品种的种植密度、千粒重及成苗率，确定每亩用种量。采用保护地育苗的用种量较省。不同蔬菜种类播种育苗每亩用种量如表4-4所示。采用穴盘精量播种育苗用种更省，但值得注意的是穴盘育苗对种子发芽率等质量指标要求更高；种子发芽率与播种于营养土或基质中的出苗率是有差别的。一般果菜类种子的一级种子发芽率在85%以上，基本可以满足盘式集约育苗，一般成苗率在60%~80%。穴盘精量播种每穴播种1粒，要求种子发芽率达98%以上、成苗率达95%以上；不同蔬菜种类播种方式不同，计算用种量也有差别。例如，黄瓜一般直播于营养钵（袋）中，每钵（袋）中播1~2粒。

表4－4　不同蔬菜播种育苗每亩用种量　　　（克）

| 蔬菜名称 | 番茄 | 辣椒 | 茄子 | 黄瓜 | 葫芦瓜 | 早甘蓝 | 花椰菜 | 芹菜 | 莴笋 |
|---|---|---|---|---|---|---|---|---|---|
| 每亩用种量 | 40~50 | 150~200 | 80~120 | 300~450 | 500~600 | 50~80 | 50~80 | 300~500 | 30~40 |

# 三、苗期管理

## （一）发芽期管理

### 1. 播种至出苗

要求床土水分充足，通气良好和较高的温度。重点是温度管理，喜凉蔬菜22℃左右，喜温蔬菜30℃左右。同时，要防止土面裂缝，子叶戴帽。

### 2. 子叶微展至破心

主要是控水降温，防止胚轴徒长。温度标准：喜凉蔬菜昼温8~12℃，夜温5~6℃；喜温蔬菜昼温15~20℃，夜温12~16℃。

## （二）幼苗期管理

### 1. 温光调控

适当提高温度，加强光照。果菜类昼温20~25℃，夜温15~18℃；茎菜、叶菜和花菜昼温18~22℃，夜温10~12℃。

### 2. 分苗

将秧苗自播种床分栽到营养袋中，或按7~8厘米行距移栽于备好的分苗床中（又叫排地苗），称为分苗或移栽。不经分苗直接取苗定植的称"子母苗"。

番茄、茄子和辣椒分苗一般以两叶一心（两片子叶一片幼小真叶）为佳。在分苗前保持温度条件为15（夜）~22℃（昼）。分苗时最好先移栽入疏松的营养土中，然后再灌水。分苗后要灌足缓苗水，然后保持较高的温度和湿度并适当遮阳，空气温度为18（夜）~25℃（昼），湿度>70%。地温17~

20℃。分苗中，要将高低、细弱苗分开放置，高苗和细苗放在低温区，矮苗放在中高温区。在幼苗未直立前，不宜放风。若分苗后气温偏低，会导致缓苗减慢。若地温偏低，会使叶片发黄。

3. 炼苗

早春定植的作物尤其需要对幼苗进行锻炼，经过锻炼的幼苗定植后缓苗快，发棵早。一般茄果类蔬菜炼苗的适宜温度是：番茄为 3 ~ 5℃；茄子、辣椒为 8 ~ 11℃，炼苗时间 3 ~ 5 天。具体方法是：在定植前 5 ~ 7 天，进行夜间低温炼苗。如果秧苗过嫩，为了免受寒害，可先用较高的温度（7 ~ 10℃）锻炼数天，然后再进一步进行低温炼苗。

在炼苗期间，要防止幼苗冻害。应经常收听当地的天气预报，早春遇有寒流时，应当随时做好防寒保温工作。早晨揭于帘子要注意幼苗变化，发现幼苗有轻微冻害，应多盖点草帘，使育苗场所内光照减弱，千万不要使育苗场所内湿度突然升高。待苗恢复正常后，再撤掉草帘。

# 四、土地准备

## （一）整地

整地过程主要包括平沟→深翻（深松）→旋耕→平地→起垄→播前或栽苗前整垄。

1. 平沟

由于多数蔬菜都采用起垄种植，拉秧揭膜后，整个地面沟沟坎坎，不利于保证翻地或松地质量。因此，在深松或旋耕土地前要先平沟，平整后的地表没有高差大于 5 厘米的沟、坑、土棱。

2. 深翻（深松）

人工深翻耕层要大于 20 厘米；机械旋耕耕层总深要大于 25 厘米，一般要求旋耕两遍，耕后达到深、平、碎、净，即耕层松软，地表平整，松碎均匀，不漏耕，地头地边整齐，无残茬，无杂草。

**3. 平地**

平地时要对整个地块前后左右仔细观察，平整土地，种植行向两头的高差不大于 1%。

**4. 起垄**

起垄要求垄形整齐，垄距均匀，表土细碎，地表无残茬杂草。目前，生产上大多采用秋季起垄方式，即深松后划行开沟、施基肥、合高垄，春季整垄、覆膜，效果较好。

**5. 整垄与覆膜**

沟灌地要求将垄形整理成松软细碎的圆滑形，沟深一般保持在 15~25 厘米。覆盖地膜要使其绷紧、紧贴地表，两侧压土厚薄、高低一致，沟底修理平整，覆膜后整个垄形要光滑圆整，以达到保湿、升温、灭草的效果，并有利于精细播种、种子出苗和移苗后顺利发根。

滴灌地要求将垄背整个修理成平台，两垄间留一小沟即可，沟深一般保持在 10~15 厘米。采用膜下双行一管栽培模式，将滴灌带（边缝式要正面朝上）铺设在垄中央，再覆盖地膜和压膜；采用膜下双行双管栽培模式，将滴灌带（边缝式要正面朝上）铺设在垄两侧，然后再覆盖地膜和压膜。当需要滴水时，将每一行的滴灌带与辅管连接。

**（二）施基肥**

一般施基肥 2 000~5 000 千克/亩。撒施是普遍提高土壤肥力的方法。条施是按一定的行距位置直接条状撒施，开沟起垄时可顺便施入肥料，主要达到整个定植行的根系局部提高肥力的目的。沟施是先开沟，再将基肥顺沟撒施，起垄与合垄后直接将肥料施在垄下部，作用同条施；还可采用改良沟施，按行距起垄，在沟底施入基肥，在整垄时滑下的土就将肥料施入，使肥料分布在根系最密集的土层，更利于充分发挥肥效。

## （三）作畦（垄）

### 1. 作畦

作畦是设施蔬菜栽培的常规方式，主要用于叶菜类（如小白菜、芹菜、菠菜和小葱等）、不搭架蔓生蔬菜（如西葫芦等）栽培，在种植前必须进行的工作。常见的作畦方式有高畦和低畦两种。高畦用于种植西葫芦等，畦面较宽，并高出地面，便于排水，畦面两侧为排水沟。低畦用于种植叶菜类，畦面两侧畦埂高出，以便于灌溉。

作畦的走向均采用南北向。畦宽一般为 1.2 米，高畦的排水沟深 20 厘米，低畦的畦埂高一般 20 厘米。整地作畦过程中包括精细平地，敲碎土块，开沟筑畦，然后除去草根、杂物，特别要求畦内土壤平整、松碎细软。

### 2. 作垄

作垄是设施蔬菜栽培的常用方式，主要用于茄果类（如番茄、辣椒和茄子等）、瓜类作物（黄瓜、西瓜、甜瓜和西葫芦等）等蔬菜的栽培，在种植前必须起垄和整垄到位。

常见的作垄方式有高垄和平垄两种。高垄是传统种植方式中最常用的，主要用于种植茄果类和瓜类蔬菜等，按不同蔬菜的要求形成等高窄垄和作物行，习惯采用"内粗外细"的聚土起垄办法，作垄要一平二直，作完垄后要整平和两侧适当轻拍和镇压，等待使用或覆膜，平垄主要用于滴灌种植模式，垄面要求平整、较宽，垄面两侧为浅排水沟。

一般在定植前顺棚作垄，高垄种植茄果类蔬菜的垄宽 0.6～0.7 米，沟宽 30～40 厘米，垄高 20～25 厘米，然后在两垄之间或垄上铺盖 70～90 厘米的地膜。平垄种植茄果类蔬菜的垄宽 0.75～0.8 米，沟宽 20～25 厘米，垄高 10～15 厘米，然后在垄上铺盖 90 厘米宽的地膜，播种或栽苗时，在垄两侧适当位置按穴距挖穴。

在作垄前，不管是秋季还是春季，底部都要施足基肥，主要为腐熟的农家肥、秸秆、绿肥以及用基肥用的化肥，然后把准备作沟部位的表土挖起覆盖到施有肥料的作垄部位，使之成垄。

# 五、移栽定植

### （一）定植时期

应根据气候与土壤、蔬菜种类、产品上市时间等来决定。一般耐寒、半耐寒等蔬菜，如豌豆、蚕豆、甘蓝、菠菜、白菜、芥菜和洋葱等多在秋季栽植，以幼苗过冬。番茄、茄子、辣椒和黄瓜等喜温蔬菜，定植时温度不低于 $10 \sim 15℃$。

### （二）定植方法

一般是在垄上或畦面开沟或开穴后，按预定距离栽苗，覆一部分土，栽完后浇水，水渗下后，再覆土。也可用"座水栽"（随水栽），即在开沟或开穴后，随水将苗栽上，水渗完后覆土封苗。这种栽苗法速度快，根系能够散开，成活率也较高。如果在容器育苗或苗块完整情况下，以上两种栽植方法均可应用。

### （三）定植密度

大棚蔬菜栽植时，要根据大棚内高温、高湿，通风透光条件差的情况，还要考虑到蔬菜种类、品种及在大棚中的生育期等确定栽植密度。如株形高大、进行长期栽培的中晚熟丰产品种要适当稀植；而株形紧凑、叶量稀疏、早熟栽培、生育期短的品种可适当密植。水肥条件好、技术水平高、后期不能疏枝的，适当稀植；反之，适当加密。大棚主要蔬菜栽培密度参照表 4 - 5 所示。

表4-5 大棚主要蔬菜栽培密度

| 栽培方式 | | 品种 | 行株距<br>(厘米×厘米) | 每亩株数 | 定植标准 |
|---|---|---|---|---|---|
| 黄瓜 | 春茬 | 津研6号、津杂1、2号 | 60×(15~18) | 5 000~3 000 | 5叶,见瓜纽,无病虫 |
| | 秋茬 | 津研2、4号 | 60×(15~18) | 5 000~6 000 | 直播,选无病苗定苗 |
| 番茄 | 春茬 小架 | | 40×30 | 5 000~6 000 | 见大花蕾,茎紫色苗壮 |
| | 春茬 中架 | 强丰、毛粉802 | 50×(25~30) | 3 800~5 000 | 见大花蕾,不徒长 |
| | 秋茬 | | 50×(25~30) | 4 000~5 000 | 直播或2~3叶小苗移栽 |
| 甜椒 | 春茬 | 天椒3号、洛椒4号 | 45×(25~30) | 4 000~5 000 | 见花蕾 |
| 茄子 | 春茬 | 快圆茄、六叶茄 | 50×30 | 3 800~4 000 | 见花蕾 |
| 油白菜 | 早春 | 五月蔓 | 10×10 | 5 000 | 5~6片叶 |
| 芹菜 | 春茬 | | 10×10 | 5 000 | 4~5叶 |

# 第五章　蔬菜田间管理技术

## 一、植株调整技术

植株调整是通过整枝、摘心、疏花、摘叶、压蔓、绑蔓、落蔓、搭架等措施，调整植株的有关器官，来控制蔬菜生长。

### （一）搭架技术

对于高秧或蔓生性强的蔬菜作物，如黄瓜、番茄、菜豆等在栽培中需要插架和吊蔓。插架材料可以是竹竿、树枝条。架形主要有单杆架、篱架、人字架、四角架和牵引架等。

1. 单杆架

在每株植株旁用一根支柱固定，支柱独立、互不相连。适用于矮性、早熟品种和密植栽培类蔬菜。

2. 篱架

是在单杆架基础上，用横杆把每一行的各个单杆架连接在一块，每栽培畦的两头和中间再用若干小横杆把相邻两行相连接。适用于生长期长、枝叶繁茂、瓜体较长的蔬菜，如丝瓜、苦瓜和晚黄瓜。

3. 人字架

在每株植物旁插一根支柱，而后每相邻两行支柱上部交叉成人字形，并用一横杆相连接。适用于菜豆、豇豆、黄瓜和番茄等蔬菜。

4. 四角架

是每株蔬菜立一根支柱，每相邻两行各相对的四根支柱连接在一起，连接处用草绳捆绑，成塔形或伞形。这种支架立柱简易、坚固，不易倒架。常用于早熟番茄、菜豆、豇豆和黄瓜等。

5. 牵引架

先后于植株主茎中间处和最上部花序的着生节处，顺行向平行设立两条拉紧铁丝，用麻皮或塑料绳把植株的茎栓捆在铁丝上。并在两条铁丝的两头和中间，设立几根吊绳（或铁丝），把两条平行的铁丝吊平、吊牢固，以防因果实增加，植株重量增大时坠架。

**（二）绑蔓、落蔓技术**

1. 绑蔓

对搭架栽培的蔬菜，为了固定植株，调整生长势，需要进行人工引蔓和绑扎。绑蔓是为了使植株固定于支架之上。

对爬地栽培的西瓜、南瓜、冬瓜等需进行压蔓。对攀缘和缠绕性强的豆类蔬菜，通过一次绑蔓或引蔓上架即可；对攀缘性和缠绕性弱的番茄，则需多次绑蔓。瓜类蔬菜长有卷须可攀缘生长，但由于卷须生长消耗养分多，攀缘生长不整齐，所以，一般不予应用，仍以多次绑蔓为好。

露地栽培蔬菜应采用"8"字扣绑蔓，使茎蔓不与架杆发生摩擦。绑蔓材料要柔软坚韧，常用麻绳、稻草、马蔺草、聚丙烯绳等。绑蔓时要注意调整植株的长势，例如黄瓜绑蔓时若使茎蔓直立上架，有助于其顶端优势的发挥，增强植株长势，黄瓜蔓还可以之字形绑缚使茎蔓弯曲上升，以降低植株高度，还可抑制顶端优势，促发侧枝，且有利于叶腋间花的发育。

2. 落蔓

保护设施栽培的黄瓜、番茄等蔬菜，生育期可长达八几个月，甚至更长，茎蔓长度可达6~7米，甚至10米以上。为保证茎蔓有充分的生长空间，需于生长期内进行多次落蔓。

当茎蔓生长到架顶时开始落蔓。落蔓前先摘除下部老叶、黄叶、病叶，将茎蔓从架上取下，使基部茎蔓在地上盘绕，或按同一方向折叠，使生长点置于架上适当高度后，重新绑蔓固定。

**（三）整枝技术**

对分枝性强、放任生长易于枝蔓繁生的蔬菜，为控制其生长、促进果实发育，人为地使每一植株形成最适的果枝数目称为整枝。整枝可以控制植株的长势、避免茎叶过分繁茂，使其早结果、多结果。

整枝的方式和方法应以蔬菜的生长和结果习性为依据。一般以主蔓结果为主的蔬菜（如早熟黄瓜、西葫芦等），应保护主蔓，去除侧蔓；以侧蔓结果为主的蔬菜（如甜瓜、瓠瓜等），则应促发侧蔓，提早结果；主侧蔓均能正常结果的蔬菜（如冬瓜、西瓜、丝瓜、南瓜等），大果型品种应留主蔓去侧蔓，小果型品种则留主蔓并适当选留强壮侧蔓结果。

整枝最好在晴天上午露水干后进行，做到晴天整、阴天不整，上午整、下午不整，以利整枝后伤口愈合，防止感染病害。整枝时要避免植株过多受伤，遇病株可暂时不整，防止病害传播。

**（四）摘心技术**

除去顶芽，控制茎蔓生长称"摘心"（或打顶）。主要对番茄、茄子、瓜类蔬菜进行"摘心"。摘心的主要作用是防止作物植株徒长，减少养分过多消耗，促进植株多结果。

对辣椒进行适时的合理剪枝，可以显著提高产量。操作方法是：待第一茬辣椒摘下后，辣椒秧已处于歇枝阶段，此时要将靠近基部生长的4大枝以上长出的8个枝条剪掉，同时，还要加强水肥管理，这样可减少落花落果，提高辣椒产量。

黄瓜要在25片叶左右进行摘心，以促进回头瓜的形成，否则营养运输受阻。拱棚春季早熟栽培的黄瓜，当茎蔓爬至架顶时摘心，以促其抽生侧蔓，延长结果期。

番茄摘心要在第四穗花坐住果后，不要在第四花序刚一开花就摘心，并在果穗上部留两片叶子，以免造成根系早衰和植株下部卷叶。

**（五）打杈、摘叶技术**

在整枝中，除去多余的侧枝或腋芽称为"打杈"（或抹芽）；

为了促进果实发育，多次对番茄、茄子、瓜类蔬菜打掉叶腋处的侧枝条；为了通风透光，减轻病害，对番茄、茄子、黄瓜摘除近基部的老叶及全株的病叶。

打杈可减少后期枝叶，使上层叶片充分肥大，达到早熟丰产。但打杈不宜过早，过早打杈会影响根系的发展。打杈应选晴天进行，以利于伤口愈合，防止病菌侵入，导致病害发生。番茄一般采用单蔓整枝，抹去叶芽。茄子采用二杈分枝，门茄以下的杈全部打掉。辣椒门椒以下的杈要全部打掉。黄瓜一般为多为独龙蔓，侧枝全部抹去。

各种果菜类蔬菜都要及时地摘除植株下部的老叶、枯叶和病叶，这样不仅可以减少营养消耗，而且可以有效地控制病害的传播和蔓延，有利于通风透光和降低湿度，促进植株茁壮成长。对摘除的枯枝老叶进行深理处理，以防害虫继续传播。同时，摘叶也宜选择晴天上午进行，用剪子留下一小段叶柄剪除；操作中也应考虑到病菌传染问题，剪除病叶后要对剪刀做消毒处理。摘叶不可过重，即便是病叶，只要其同化功能还较为旺盛，就不宜摘除。

### （六）保花保果、疏花疏果技术

1. 保花保果

在冬暖塑料大棚蔬菜秋冬茬栽培中，因受晚秋、冬季、早春外界气温较低和寒冷的不良影响，棚内昼夜温差较大，在夜温较低和空气湿度较大的封闭生态条件下，往往因花器发育不良或自花授粉率低，不能正常授粉受精，而造成落花脱果。主要保花保果方法有：

一是人工辅助授粉。摇动植株可提高授粉概率，提高坐果率。花期进行人工授粉和放蜜蜂进行辅助授粉。

二是人工蘸花。早春设施内气温偏低、光照弱，植株授粉不良，坐果性差，需要采用植物生长调节剂如 2，4-D、防落素等在番茄、西葫芦等作物上蘸花，达到保花保果、加速果实膨大的目的。为了提高工效，现多采用喷花。

三是利用蜂类昆虫为温室果蔬授粉。利用雄蜂授粉可掌握蔬菜花期最佳授粉时间，花粉活力较强，柱头受粉均匀，使每朵花得到多次重复授粉机会，有利于提高杂交优势，可大幅度增加果蔬的产量。

**2. 疏花疏果**

大多数蔬菜生产不需要采取疏花疏果措施，主要针对坐果数量多的番茄要适期适法采取疏花疏果措施，以确保果实品质优良。一般大果型品种每穗留 3～4 个果，中果型品种留 4～5 个果，小果型品种留 5～6 个果，而将多余果去掉。

# 二、环境调控技术

## （一）温度调控技术

**1. 温度需求**

半耐寒蔬菜、耐寒蔬菜、耐寒的多年生宿根蔬菜能耐低温，适宜生长温度在 15～30℃。而喜温蔬菜生长最适温度为 20～30℃。几种常见蔬菜的温度要求如表 5-1 所示。

表 5-1　几种蔬菜作物对温度的要求（白天至夜晚）　　（℃）

| 蔬菜种类 | 适应范围 | 最适宜温度 | 最低温度 |
| --- | --- | --- | --- |
| 黄瓜 | 10～40 | 25～32 | 10～18 |
| 西瓜 | 13～40 | 25～32 | 15～18 |
| 甜瓜 | 13～40 | 25～32 | 15～18 |
| 西葫芦 | 8～32 | 22～25 | 10～15 |
| 丝瓜 | 10～40 | 25～30 | 14～18 |
| 番茄 | 8～32 | 20～27 | 14～16 |
| 茄子 | 8～35 | 20～30 | 14～18 |
| 辣甜椒 | 10～35 | 23～28 | 14～18 |
| 菜豆（芸豆） | 13～35 | 20～25 | 15～20 |
| 豇豆（豆角） | 13～35 | 20～30 | 15～20 |

2. 温度调控

主要有增温、保温和降温等措施。

（1）增温。方法有：酿热加温、电热加温、水暖加温、气暖加温、暖风加温和太阳能贮存系统加温等，根据蔬菜种类和设施规模和类型选用。

（2）保温。方法主要有：一是减少贯流放热和通风换气量。近年来主要采用外盖膜、内铺膜、起垄种植再加盖草席、草毡子、纸被或棉被以及建挡风墙等方法来保温。二是增大保温比。适当降低设施的高度，缩小夜间保护设施的散热面积，有利于提高设施内昼夜的气温和地温。三是增大地表热流量。通过增大保护设施的透光率、减少土壤蒸发以及设置防寒沟等，增加地表热流量。

（3）降温。方法主要有：一是换气降温。打开通风换气口或开启换气扇进行排气降温。二是遮光降温。夏天光照太强时，可以用旧薄膜或旧薄膜加草帘、遮阳网等遮盖降温。三是屋面洒水降温。在设备顶部设有有孔管道，水分通过管道小孔喷于屋面，使得室内降温。四是屋内喷雾降温。一种是由设施侧底部向上喷雾，另一种是由大棚上部向下喷雾，应根据植物的种类来选用。

（二）湿度调控技术

1. 湿度需求

蔬菜不同生育期对土壤水分的要求不同，根据蔬菜不同生育期的特点，其对土壤水分的要求为：营养生长旺盛期和养分积累期是根、茎、叶菜类一生中需水量最多的时期；当进入产品器官生长盛期后，应勤浇多浇。开花结果期对水分要求严格，应适当控制灌水；进入结果盛期应当供给充足的水分，使果实迅速膨大与成熟。

2. 湿度调控

主要是降低湿度或增加湿度。

（1）降低湿度。主要有：一是地膜覆盖，抑制水分蒸发；二是寒冷季节控制灌水量，提高地温；三是通风降湿；四是加温除湿；五是使用除湿机；六是热泵除湿。

（2）增加湿度。主要有：一是间歇采用喷灌或微喷灌技术；二是喷雾加湿；三是湿帘加湿。

**（三）光照调控技术**

1. 光照需求

蔬菜对光照条件的需求主要包括光照时间与光照强度。光照强度用 lx 表示，对作物来说能够产生光合作用的最低光照强度称为光补偿点；能够产生光合作用达到饱和的光照强度称为光饱和点。以下为几种蔬菜作物的光补偿点和饱和点（勒克斯）：黄瓜光补偿点为 1 000 勒克斯，黄瓜光饱和点 5 500 勒克斯；番茄光补偿点为 2 000 勒克斯，番茄光饱和点 70 000 勒克斯；茄子光补偿点为 1 200 勒克斯，茄子光饱和点为 40 000 勒克斯；莴苣、小白菜光饱和点为 10 000 勒克斯；辣椒光饱和点为 30 000 勒克斯。

2. 光照调控

主要有增加光照和遮阳。

（1）增加光照。主要方法有：一是选择优型设施和塑料薄膜设施。调节好屋面的角度；选用强度较大的材料，适当简化建筑结构；选用透光率高的薄膜，选用无滴薄膜、抗老化膜。二是适时揭放保温覆盖设备。保温覆盖设备早揭晚放，揭开时间通常在日出 1 小时左右早晨阳光洒满整个屋前面时揭开；覆盖时间一般太阳落山前半小时加盖。三是清扫薄膜。每天早晨，用笤帚或用布条、旧衣物等捆绑在木杆上，将塑料薄膜自上而下地把尘土和杂物清扫干净。至少每隔两天清扫一次。四是选用无滴、多功能或三层复合膜。五是在建材和墙上涂白，用铝板、铝箔或聚酯镀铝膜作反光幕。六是在地面铺设聚酯镀铝膜，将太阳直射到地面的光，反射到植株下部和中部的叶片和果实上。七是人工补光。人工补光一般用电灯，要能模拟自然光源，具有太阳光的连续光谱。

（2）遮阳。主要方法有：一是覆盖各种遮阳物，覆盖物有遮阳网、苇帘、竹帘等。二是将玻璃面涂成白色可遮光 50% ~ 55%。三是使屋面安装的管道保持有水流，可遮光 25%。

### （四）气体调控技术

设施条件下气体的调控技术主要指设施内二氧化碳的调控和防止有害气体产生。

#### 1. 二氧化碳调控

二氧化碳的调控主要指人工方法来补充二氧化碳供植物吸收利用，通常称为二氧化碳施肥。二氧化碳施肥在一些国家已成为保护地生产的常规技术，增产效果显著。二氧化碳来源和调控施用方法很多，但须考虑农业生产的实际情况选用。

（1）增施有机肥。在我国目前的条件下，补充二氧化碳比较现实的方法是在土壤中增施有机肥，也可堆积起来，一吨有机物最终能释放出 1.5 吨二氧化碳。

（2）施用固体二氧化碳。一是施用固态二氧化碳。在常温常压下干冰变为二氧化碳气体，1 千克干冰可以生成 0.5 立方米的二氧化碳。二是施用二氧化碳颗粒肥料。每亩用量 40 ~ 50 千克。沟施时沟深 2 ~ 3 厘米，均匀撒入颗粒，覆土 1 厘米。穴施时穴深 3 厘米左右，每穴施入 20 ~ 30 粒，覆土 1 厘米。

（3）施用液态二氧化碳。液态二氧化碳是用酒厂的副产品二氧化碳加压灌入钢瓶而制成。现在市场销售的每瓶净重 35 千克。使用时，把钢瓶放在设施内，在减压阀口上安装直径 1 厘米的塑料管，管上每隔 1 ~ 3 米，用细铁丝烙成一个直径 2 毫米的放气孔，近钢瓶处孔小些、稀些，远处密些、大些。把塑料管固定在离棚顶 30 厘米的高度，用气时开阀门，每天放气 6 ~ 12 分钟。

（4）燃料燃烧产生二氧化碳。一是利用白煤油燃料产生二氧化碳，1 千克白煤油完全燃烧可产生 2.5 千克二氧化碳。二是通过二氧化碳发生器燃烧液化石油气、天然气产生二氧化碳，再经管道输入到保护地。三是燃烧煤和焦炭产生二氧化碳。四是燃烧沼气产生二氧化碳，有沼气的地区选用燃烧比较完全的沼气炉或沼气灯，用管道将沼气通入保护地燃烧，即可产生二氧化碳，简便易行，成本低。

（5）化学反应法产生二氧化碳。目前，应用的方法有：盐酸—石灰石法、硝酸—石灰石法、硫酸—石灰石法、盐酸—碳酸氢钠法、硫酸—碳酸氢钠法、硫酸—碳酸氢铵法。其中，硫酸—碳酸氢铵法是现在应用较多的一种方法。原料为化肥碳酸氢铵和 $93\% \sim 98\%$ 的工业浓硫酸，将浓硫酸按体积 1：3 比例稀释，方法是将 3 份水置于塑料或陶瓷容器内，然后边搅边将 1 份浓硫酸沿器壁缓慢加入水中，搅匀，冷却至常温备用。产气装置可用成套设备，也可用简易装置。

2. 预防氨气和二氧化氮气体为害

（1）正确使用有机肥。有机肥的处理，需经充分腐熟后施用，磷肥混入有机肥中，增加土壤对氨气的吸收。施肥量要适中，每亩一次施肥不宜超过 10 立方米。

（2）正确使用氮素化肥。不使用碳酸氢铵等挥发性强的肥料。施肥量要适中，每亩一次不宜超过 25 千克。提倡土壤施肥，不允许地面撒施。如果地面施肥必须先把肥料溶于水中，然后随浇水施入。追施肥后及时浇水，使氨气和二氧化氮更多地解于水中，减少散发量。

（3）覆盖地膜。覆盖地膜可减少气体的散放量。

（4）加大通风量。施肥后适当加大放风量，尤其是当发觉设施内较浓的氨味时，要立即放风。

（5）经常检测设施内的水滴的 pH 值。检测设施是否有氨气和二氧化氮气体产生，可在早晨放风前用 pH 试纸测试膜上水滴的酸碱度，平时水滴呈中性。如果 pH 值偏高，则偏碱性，表明室内有氨气积累，要及时放风换气。如果 pH 值偏低，表明室内二氧化氮气体浓度偏高，土壤呈酸性，要及时放风，同时，每亩施入 100 千克的石灰提高土壤的 pH 值。

3. 预防一氧化碳和二氧化硫气体为害

主要措施有：一是设施燃烧加温用含硫量低的燃料，不选用不易完全燃烧的燃料。二是燃烧加温用炉具要封闭严密，不使漏气，要经常检查。燃烧要完全。三是发觉有刺激性气味时，要立即通风换气，排出有毒气体。

4. 预防塑料制品产生的气体

主要措施有：一是选用无毒的设施专用膜和不含增塑剂的塑料制品，尽量少用或不用聚氯乙烯薄膜和制品。二是尽量少用或不用塑料管材、筐、架等，并且用完后及时带出室外，不能在室内长时间堆放，短期使用时，也不要放在高温以及强光照射的地方。三是室内经常通风排除异味。

# 三、肥水管理技术

## （一）施肥技术

1. 蔬菜需肥特点

蔬菜与其他作物一样，在其生长发育过程中需要 16 种必需营养元素，除了碳、氢、氧可以从空气中获得，其余营养元素则需从土壤和肥料中获得。同时，由于蔬菜具有生长期短、生长速度快、产量高、复种指数高等特点，因此，与农作物相比，具有以下特点。

（1）吸肥量大。由于蔬菜生育期较短，复种茬数多，许多蔬菜如大白菜、萝卜、冬瓜、番茄和黄瓜等，产量有时高达 5 000 千克/亩以上。因此蔬菜从土壤中带走的养分相当多，所以，蔬菜的单位面积施肥量应多于粮食作物。一般蔬菜氮、磷、钾、钙、镁的平均吸收量比小麦分别高 4.4、0.2、1.9、4.3 和 0.5 倍。

（2）喜硝态氮。多数农作物能同时利用铵态氮和硝态氮，但蔬菜对硝态氮特别偏爱。当土壤铵态氮供应过量时，则可能抑制其对钾的吸收，使蔬菜生长受到影响，产生不同程度的生育障碍。一般蔬菜生产中硝态氮与铵态氮的比例以 7∶3 较为适宜。当铵态氮施用量超过 50% 时洋葱产量显著下降；菠菜对铵态氮更敏感，在 100%％硝态氮供应条件下菠菜产量最高，因此，在蔬菜栽培中应注意适当控制铵态氮的用量及比例，铵态氮一般不超过氮肥总量的 1/4～1/3。

（3）嗜钙。一般喜硝态氮的作物吸钙量都很高，有的蔬菜作物体内含钙可高达干量的 2%～5%。

（4）需硼量高。蔬菜作物比谷类作物吸硼量多，是谷类作物的几倍到几十倍。由于蔬菜作物体内不溶性硼含量高，硼在蔬菜体内再利用率低，易引起缺硼症，如甜菜的心腐病、芹菜的茎裂病、芜菁及甘蓝的褐腐病、萝卜的褐心病等。

（5）产品器官不同的蔬菜需肥种类和数量不同。产品器官不同的蔬菜有不同的需肥特点，叶菜类一般需氮较多，多施氮肥有利于提高产量和改进品质；根茎菜类需磷、钾较多，增施磷、钾肥有利于其产品器官膨大；果菜类对三要素的需要较平衡，尤其在果实形成期需磷较多。

2. 蔬菜施肥方法

（1）地面撒施。蔬菜浇水后或下雨时趁墒将化肥撒施于畦面或植株行间。尿素、硫酸铵、硫酸钾等肥料可在田间操作不便、蔬菜急需肥料情况下撒施，但注意不能撒在叶面上。碳酸氢铵不提倡撒施。

（2）随水冲施。蔬菜在浇水前，将化肥撒在灌水沟中，使化肥随浇水融化进入土壤。在大面积蔬菜严重缺肥、且不便于埋施情况下可作为追肥方法。

（3）滴灌施肥。滴灌施肥是通过管道系统和滴头、滴灌带将肥水以小流量、稀释的、均匀、准确、直接地输送到作物根部，滴灌施肥是随着微灌技术发展起来的一项新技术，能方便地进行肥水同灌，同时满足蔬菜需水量和需肥量。滴灌施肥通过水源、水泵、肥料罐、过滤器、压力表、调压阀、输水管道系统（包括干管、支管和滴灌带），田间组合布置进行肥水同灌，实现追肥的目的。

滴灌施肥所用的化学肥料必须是溶解度大，杂质含量低，两种或数种肥料混用时，应注意肥料匹配，防止产生沉淀，使用微量元素尽可能以螯合物的形式。常用化肥在常温下的溶解度和养分含量列于表 5 – 2 中。

表 5 – 2　常用化肥在常温下的溶解度和养分含量

| 肥料名称 | 溶解度（克/升） | 养分含量（%） |
|---|---|---|
| 硝酸铵 | 1180 | 氮 33 ~ 34. 5 |
| 硫酸铵 | 700 | 氮 20 ~ 21 |
| 磷酸二铵 | 420 | 氮 21，磷 56 |
| 磷酸铵 | 230 | 氮 11，磷 54 |
| 硝酸钠 | 730 | 氮 16 |
| 硝酸钾 | 140 | 氮 12 ~ 14，钾 46 |
| 氯化钾 | 277 | 钾 50 ~ 60 |
| 硫酸钾 | 67 | 钾 50 |
| 尿素 | 800 | 氮 45 ~ 46 |
| 硼砂 | 5 | 硼 11. 3 |
| 硫酸铜 | 22 | 铜 25 |
| 硫酸铁 | 29 | 铁 19 |
| 硫酸锰 | 105 | 锰 26 ~ 28 |

（4）机械深施。一般为沟施、穴施。

沟施是先在行间开沟，再将基肥顺沟撒施，再整沟用滑下的土将肥料理住或直接顺沟撒施，再翻土将肥料埋住，使肥料分布在根系最密集的土层，更利于充分发挥肥效。

穴施一般在两株间、每隔一株间距在根茎部侧下挖一穴，施入肥料，再回填埋住肥料；若要加大施肥量，则可在每一株间根茎部侧下挖一穴，施入肥料，施肥量可加大一倍；穴施是一种定点施肥法，对浅根系的蔬菜增产效果明显，且省肥料。

（5）叶面施肥。将植物需要的营养物质的水溶液，喷施在叶片上，使植物直接通过叶子吸收有效养分，这一技术称为蔬菜叶面施肥技术。此技术具有转化快、肥料利用率高、促进根系对养分吸收等优点。叶面肥大致可分为大量元素肥料、微肥、有机肥、微生物肥、光合作用促进剂或农药的叶面肥等。生产上常用的有尿素、硫酸钾、过磷酸钙、微肥等多种。

施用叶面肥要在施足基肥并及时追肥的基础上进行；要针对蔬菜种类、生长发育阶段、长势、施肥目的选用适当的叶面肥种类；使用浓度要合理；选择傍晚或阴天喷洒；均匀喷洒生长旺盛的叶片及叶片的反面。如对大棚黄瓜、茄子、辣椒、芹菜和韭菜等多种蔬菜，可选用加入了防病治病药物、廉价物美、增产效果明显的固体多元素复合叶面肥喷施；对结果期的大棚黄瓜可喷 0.2% 的尿素加 0.2% 的磷酸二氢钾加 1% 蔗糖的糖氮液，不仅增产、增强抗病性，而且能减轻霜霉病的为害；施用光和微肥和光吸收抑制剂，喷洒番茄、黄瓜、辣椒、芸豆、芹菜、白菜、甘蓝、莴苣和花椰菜等增产效果均良好。

（6）营养液施肥。是在无土栽培条件下，根据蔬菜的不同种类、生育期把各种肥料配制成营养液，以提供蔬菜生长所需营养。

### （二）灌水技术

1. 蔬菜灌水依据

合理灌水应根据不同种类蔬菜、不同生长阶段、不同气候、不同土壤类型来确定。

（1）根据蔬菜种类进行浇水。需水量大的蔬菜应多浇水，耐旱性蔬菜浇水要少。

（2）根据蔬菜的生长阶段进行浇水。产品器官形成前一段时间，应控水蹲苗，防止旺长；产品器官盛长期，应勤浇水，保持地面湿润；产品收获期，要少浇水或不浇水，提高产品的耐贮运性。

（3）根据气候变化进行浇水。低温期浇水要少，并且应于晴暖天中午前后浇水。高温期浇水要勤，并要于早晨或傍晚浇水。

（4）根据土壤类型进行浇水。沙性土的保水性差，要增加浇水次数；黏性土的保水力强，灌水量及灌溉次数要少，对于盐碱地，应勤浇水、浇大水，防止盐碱上移；低洼地要少水勤浇，防止积水。

（5）结合栽培措施进行浇水。追肥后灌水，有利于肥料的分解和吸收利用；分苗、定苗后浇水，有利于缓苗；间苗、定苗后灌水，可弥缝、稳根。

2. 灌水方法

（1）明水灌溉。包括畦灌、沟灌、淹灌等几种形式，适用于水源充足、土地平整、土层较厚的土壤和地段，其投资小，易实施，适用于大面积蔬菜生产，但较费工费水，易使土表板结。

（2）膜下滴灌。在地膜下开沟或铺设滴灌毛管，由滴头将水定时、定量，均匀而缓慢地滴到蔬菜根际的灌溉方式，能够使水分蒸发量减至最低程度，节水效果明显，低温期还可提高地温 $1 \sim 2 \mathrm{℃}$；滴灌不破坏土壤结构，土壤内部水、肥、气、热能经常性地保持良好的状态。

（3）地膜暗灌。一般可采用宽窄行起垄盖地膜栽培法，宽行距 80 厘米，窄行距 50 厘米，垄高 $10 \sim 15$ 厘米，每垄栽一行苗。将相邻的两垄用一幅地膜盖上，在宽行间同时覆地膜或覆盖干燥的麦秸、稻草等。据测定，采用垄间膜下暗灌，可提高地温 5℃左右，降低空气湿度 9% ～10%，减轻病害 30% 以上。

# 四、病虫草膜害防治技术

## （一）主要病害种类及其防治

### 1. 茄果类蔬菜

（1）辣椒炭疽病

[**症状**] 为害将近成熟的辣椒果实，染病果实先出现湿润状、褐色椭圆形或不规则形病斑，稍凹陷，斑面出现明显环纹状的橙红色小粒点，后转变为黑色小点。天气潮湿时溢出淡粉红色的粒状黏稠状物。天气干燥时，病部干缩变薄成纸状且易破裂。叶片染病多发生在老熟叶片上，产生近圆形的褐色病斑，亦产生轮状排列的黑色小粒点，严重时可引致落叶。茎和果梗染病，出现不规则短条形凹陷的褐色病斑，干燥时表皮易破裂。

[**防治方法**] 防治辣椒炭疽病宜以加强栽培管理为主，适当配合药剂防治。一是可用50%多菌灵可湿性粉剂500倍液浸种1小时，冲洗干净后催芽播种。二是清除病残体，收后播前翻晒土壤；施足优质有机底肥；高畦深沟种植便于浇灌和排水降低畦面湿度，田间发现病果随即摘除带出田外销毁。三是药剂防治，发病初期可选喷下列药剂之一：80%炭疽福美可湿性粉剂600~800倍液；50%多菌灵可湿性粉剂500倍液；70%甲基托布津可湿性粉剂800~1 000倍液；10%世高水分散性颗粒剂800~1 000倍。隔7~10天喷一次，连续喷2~3次。

（2）猝倒病、立枯病

[**症状**] 猝倒病是茄科蔬菜幼苗期最常见的一种病害。染病幼苗近地面下的嫩茎出现淡褐色、不定形的水渍状病斑，病部很快缢缩，幼苗倒伏，此时子叶尚保持青绿，潮湿时病部或土面会长出稀疏的白色棉絮状物，幼苗逐渐干枯死亡。田间常成片发病。

[**防治方法**] 防治茄科蔬菜苗期病害应以加强栽培控病管理

为主，如翻晒土壤，深耕细作，高畦深沟，施充分腐熟的有机底肥，早春薄膜覆盖或营养钵育苗。夏季要特别注意菜田排水和平整畦面，防止积水淹苗。老菜地播种前应结合整地用75%敌克松可溶性粉剂或50%多菌灵可湿性粉剂，或40%五氯硝基苯处理土壤，每平方米用药量5～8克，将药剂先与少量细土拌匀然后撒施。若经常发生猝倒病的菜地可用阿普隆（瑞毒霉）35%拌种剂，按种子重量0.2%～0.3%的用药量拌种后播种。田间发病初期也可以用上述药剂按相同用药量制成的药土撒施，或单独用草木灰与适量干土拌匀后撒施，亦有一定的控控病作用。

（3）辣椒病毒病

[**症状**] 辣椒病毒病症状十分复杂，有多种表现类型，最主要的有两种类型。

一是黄斑驳花叶型：病株矮化，茎和枝条上有褐色坏死条斑。叶片呈深绿地、浅绿或黄绿镶嵌的斑驳花叶，叶脉上有时有褐色坏死斑点。病株顶叶小，中下部叶片易脱落，严重时小枝生长点落光呈"秃桩"，后抽生出许多小枝，叶呈丛生状态。果实一般僵小，果面上常有褐色斑块，果实易脱落，拔出病株可见根系发育不好，根上常有褐色斑块。

二是黄化枯斑型：病株矮化，叶片褪绿或黄绿，病株顶叶变小、狭长，中下部叶片上常生有坏死斑块（褪绿变黄的斑块），有时病斑部开裂，病叶极易脱落。后期腋芽抽生呈丛放状态，叶片蕨叶状。有时两种类型复合发生。

[**防治方法**] 发现病毒病，可用高锰酸钾1 000倍液，每升添加磷酸二氢钾3～5克、食醋100克、尿素5克和红糖5克，配成混合液；也可用菌毒清对水300倍液加硫酸锌对水300倍液，7～10天喷1遍，连续喷3遍。

（4）辣椒细菌性斑点病（疮痂病）

[**症状**] 细菌性斑点病多在成株期发生，主要为害叶片、茎，果实也可受害。叶片发病，初时出现水浸状、黄绿色小斑

点，逐渐扩大成大小不等的圆形或不规则形病斑。颊骨斑边缘褐色，稍隆起，中部浅褐色，稍凹陷，表面粗糙。病斑多时可融合成较大病斑或颊骨斑连片，引起叶片脱落。重病株叶片几乎落光，仅剩枝梢几片小叶，对产量影响很大。茎部发病，病斑呈不规则条斑或斑块，后木栓化，或纵裂为疮痂状。果实发病，出现圆形或不规则形疤疹状黑褐色病斑。后病斑疮痂状，边缘有裂口，并有水浸状晕环，湿度大时有少许菌脓溢出。

[**防治方法**] 80%代森锰锌可湿性粉剂 500 倍液；72%农用硫酸链霉素可湿性粉剂 4 000 倍液；或 1∶1∶200 波尔多液 7～10 天 1 次，连续喷 3～4 次。

（5）茄子黄萎病

[**症状**] 此病俗称"黑心脖""半边疯"。定植不久即可发病，但门茄坐果后发病最多，病情加重。茄子黄萎病发病，一般多从下部叶片发病向中部叶片发展，或自一边发病向全株发展。发病初期，叶缘或叶脉间褪绿变黄，逐渐发展至半边叶或整个叶片变黄或黄化斑驳。病株初期晴天中午萎蔫，早晚或阴雨天可恢复。后期病株彻底萎蔫，叶片黄萎、脱落。重时往往植株呈光秆或只剩顶端少数几个叶子，最后植株死亡。黄萎病为全株性系统发病，剖视病株根、茎、分枝及叶柄，均可见其维管束变成褐色。

[**防治方法**] 药剂防治可用多菌灵 60 克、DT50 克、敌克松 50 克、DTN50 克，分别与巴巴安粉剂 6.5 克对 15 千克水灌根，每株 120～250 克药液。

（6）茄子枯萎病

[**症状**] 多在成株期发病初期植株顶部叶片似缺水萎蔫，后萎蔫加重，植株下部叶片开始叶脉变黄，随之叶缘变黄，最后整个叶片变黄、枯萎而死。发病严重，整株叶片枯黄，枯黄的叶片不脱落，植株枯死而提早拉秧。剖视病株茎秆可见其维管束变深褐色。

［**防治方法**］可用绿亨一号 5 克、双多悬浮剂 60 克、育苗灵（也称克枯星或恶甲水剂）60 克，分别与巴巴安粉剂 6.5 克对 15 千克水喷雾，或在定植时使用生物重茬剂。

（7）茄子绵霉病

［**症状**］主要为害果实为害重，以近地面果实，尤以幼果发病为多。果实发病，受害部初呈现水浸状圆形病斑，迅速扩展延及整个果实。病果病部褐色或暗褐色，稍凹陷，变软，表面出现皱纹，湿度大时病部长有白色霉层。内部果肉变黑褐色腐烂。病果后期多脱落在地上腐烂，或失水形成黑褐色僵果留挂在枝上。

［**防治方法**］可用普力克 40 克、安克锰锌 40 克、杀毒凡 40 克、雷多米尔·锰锌 40 克、杜邦克露 40 克等以上任何一种药剂，加巴巴安 6.5 克与甲其托布津 40 克对 15 千克水喷雾，要求反正面喷到，视病情 4～7 天一次，连防 2～3 天。粉尘防治方法：可用 5% 的百菌清粉尘，或 6.5% 霜克粉尘每亩 1 千克。烟剂法防治技术：10% 的百菌清烟剂每亩 400 克，或用克露烟剂每亩 4 枚。

（8）番茄病毒病

［**症状**］番茄有 3 种病毒病，即条斑病、花叶病和蕨叶病。条斑病：在叶面散生黑褐色油渍状，不规则斑，斑肉质叶脉变黑。茎上则为黑神色油渍状条斑。病株上的果实全部畸形，果面有褐色坏死斑。花叶病：分轻和重两种类型，轻型病株上叶面产生轻微的黄绿相间或黄色斑块，影响不大；重型则花叶明显，新叶变小，叶脉变紫，叶片细长扭曲，下部多卷叶，病株果小质劣，多呈花脸状，对产量影响较大。蕨叶病：植株上部叶片变细小，严重时成线形，下部叶片地边缘向上卷，叶背叶脉淡紫色。

［**防治方法**］以加强栽培管理，提高植株抗性为原则，结合防蚜、治蚜。在发病区可用植病灵或抗毒剂 1 号进行预防。

（9）番茄晚疫病

［**症状**］此病发生在叶、茎、果上，叶片发病多从叶尖、叶

缘或叶面凹陷处开始，先为水浸状暗绿色小斑点，后扩大成不规则大斑，边缘不明显，颜色由浅变深呈黑褐色，湿腐状，潮湿时病斑边缘产生棉絮状稀疏的白霉。茎上病斑多从叶柄扩展所致，黑褐色凹陷条斑，湿度大时产生白霉。果实多在青果期发病，在近果柄处产生褐色大斑，边缘呈不规则云状纹，湿度大时产生白霉。

[**防治方法**] 一般从现蕾开始，保护地可用45%百菌清烟雾剂熏烟，用量每亩250克，或用百菌清粉尘喷粉，每亩用药1 000克。每7～10天喷一次。发现中心病株时，摘除病叶，立即喷药保护。每5～7天喷一次，连续3次。药剂可用70%代森锰锌可湿性粉剂、75%百菌清可湿性粉剂600倍液、50%扑海因可湿性粉剂1 500倍液，25%瑞毒霉可湿性粉剂800倍液，47%加瑞农可湿性粉剂800倍液，77%可杀得可湿性粉剂600倍液，64%杀毒矾可湿性粉剂500倍液等。喷药重点保护植株中下部叶片。

（10）番茄早疫病

[**症状**] 发病以叶为主，茎果也可发生。叶上产生黑褐色，圆或椭圆形病斑，直径药1～2厘米，病斑外有黄色至黄绿色晕圈，病斑中央有同心轮纹，病斑正面产生黑色霉层。茎多发生在分枝处。病斑椭圆形，略凹陷，黑褐色。严重时易断枝。果上多发生在近果蒂处，病斑多圆形，略凹陷，有轮纹，黑褐色。病斑上长黑霉，严重时易落果。

[**防治方法**] 种子处理，用50℃热水（恒温）进行温汤浸种30分钟（或55℃热水浸种15分钟），此法对多种蔬菜的种子带病菌病害都有效。药剂防治，发病初期，摘除病叶后喷药，每隔7天喷1次，连续2～3次。药剂可用波尔多液（1：1：200）或代森锰锌、百菌清、扑海因等，使用浓度参照晚疫病防治。

（11）番茄灰霉病

[**症状**] 造成烂叶、烂花、烂果。青果发病，先是开过的花

受害，后向果柄及果上发展，使果皮变灰白色、软腐，很快在花托、果柄及果面上产生大量土灰色霉层，最后病果失水成僵果。叶片发病，多在叶尖产生水浸状浅黄褐色不规则形大斑，湿度大时软烂，长灰霉，干燥时则病斑干枯。

［**防治方法**］蘸花时中入 0.1% 的速克灵或保果灵可预防侵染。发现有病时用百菌清、速克灵烟雾剂熏烟或喷洒百菌清、琰克粉尘。烟雾剂每次每亩用药 250 克，粉尘每次每亩用药 65 克，每隔 7～10 天喷 1 次。目前防治灰霉病的药剂很多，如速克灵、扑海因、百菌清、利得等。防治抗性灰老病的有防霉灵、多霉灵、万霉灵、甲霉灵等，但要注意的是药剂要轮换品种使用，以防病菌产生抗药性，其次喷雾后要加强放风管理，才能控制病情的发展。

2. 瓜类蔬菜

（1）瓜类白粉病

［**症状**］发病以叶片为主，严重时叶柄和茎上也有发生，叶的正、反面都有症状，以叶面为主，产生近圆形白色小粉斑，多时白粉连成片，甚至全叶满布白粉，后期为灰白色，并长出小黑粒点，病叶枯干发脆，但不脱落。

［**防治方法**］发病初期，摘除病叶后用药，每隔 5～7 天一次，连续 2～3 次。药剂可用 75% 百菌清可湿性粉剂、70% 代森锰锌可湿性粉剂 600 倍液，50% 多菌灵可湿性粉剂、50% 早基托布津可湿性粉剂 1 000 倍液，粉锈宁可湿性粉剂 1 500 倍液，硫磺悬浮剂 200 倍液，农抗 120～200 倍液等。保护地中也可用粉尘和烟雾剂。

（2）瓜类炭疽病

［**症状**］黄瓜苗期即可发生，在子叶的边缘产生半圆形或圆形黄褐色病斑，有时基部变细发黑褐色，病苗易折倒。成株期在叶片、茎、瓜上发病，叶上为黄褐色圆斑，大小不等，病斑中央易开裂。茎和瓜上为凹陷浅褐色病斑。后期病斑上产生小黑粒或粉红色黏液。西瓜症状似黄瓜，但病斑为黑褐色。

[**防治方法**] 发病初期，每隔 7 ~ 10 天一次，连续 3 次。药剂可用炭疽福美、70% 代森锰锌可湿性粉剂、75% 百菌清可湿性粉剂等 600 倍液，50% 扑海因可湿性粉剂 1 500 倍液，50% 多菌灵可湿性粉剂、50% 甲基托布津可湿性粉剂 1 000 倍液。

（3）瓜类枯萎病

[**症状**] 苗期发病，细菌茎基部发生黄褐色缢缩，子叶萎蔫，苗倒伏后死亡。成株多在开花后发病，开始叶片在中午前后自下而上发生缺水状萎蔫。早晚则恢复正常，但几天后全标叶片萎蔫，不能复原，茎基部略显缢缩，病部纵裂。根变成褐色，缺乏新根。将病株茎基部纵向切开，可见皮下的维管束变为褐色。湿度大时病株的基部缢缩纵裂处可见白色或粉红色霉。

[**防治方法**] 用重茬剂 1 号灌根可基本解决连作发病重的问题，直播的在播种和 5 ~ 6 片真叶时，各用重茬剂 1 号 600 倍液灌根一次，每穴用药液 0.25 ~ 0.5 千克；育苗的在移栽时用 300 ~ 500 倍液灌根一次，用药量同直播；嫁接换根防病，用黑籽南瓜作砧木，黄瓜作接穗，可以预防发病。

（4）黄瓜细菌性角斑病

[**症状**] 发生在叶片、茎和瓜上，以叶为主。叶上开始为水浸状浅绿色斑，渐变成浅黄褐色，病斑小，多角形，中央干枯开裂成小孔。瓜和茎上的病斑为水浸状小圆斑，后变成干枯灰白色开裂。湿度大时病斑背面溢出白色菌脓。此病与霜霉病均为多角形病斑，其区别是病斑小而色浅，后期穿孔，斑的背面有白色菌脓，而霜霉病的病斑大而色深，不穿孔，斑的背面长黑霉。

[**防治方法**] 在发病初期用药，每隔 5 ~ 7 天一次，连续 3 次，药剂可用链霉素、新植霉素 5 000 倍液，琥珀酸铜 500 倍液，羧酸磷铜 600 倍液，75% 瑞毒霉可湿性粉剂 600 ~ 800 倍液等。

3. 叶菜类蔬菜

（1）芹菜斑枯病

[**症状**] 发病以叶片为主，初为淡褐色水浸状小斑点，后扩

大为近圆形病斑，边缘为黄褐色，中间色较浅。斑外围常有黄色晕圈，路面散生许多小黑点。病斑多时合并成不规则形大斑。老叶先发病，向新叶发展，叶柄上的病斑长圆形，稍凹陷。严重时病叶干枯。

[**防治方法**] 发病初期摘除病叶后用药剂保护，每隔 7～10 天一次，连续～3 次。药剂可用 75% 百菌清可湿性粉剂、70% 代森锰锌可湿性粉剂 600 倍液，50% 多菌灵可湿性粉剂、50% 甲基托布津粉剂 1 000 倍液，扑海因 1 500 倍液或 1∶1∶200 波尔多液。保护地也可用百菌清粉尘或烟雾剂。

（2）芹菜早疫病（斑点病、叶斑病）

[**症状**] 发病以叶片为主，初为水浸状黄绿色小斑点，后发展为圆形或不规则形浅褐色病斑，严重时病斑连成片，病叶枯干。叶柄上病斑椭圆或长条形浅褐色、中央凹陷。湿度大时病斑上产生灰色霉层。

[**防治方法**] 发病初期用药保护，可结合防治斑枯病进行。

（二）主要虫害及防治方法

1. 地面虫害

（1）菜蚜类（腻虫）。多为桃蚜和萝卜蚜混合发生，近年来甘蓝蚜在北方有所发展。

[**特点**] 菜蚜主要为害十字科蔬菜，桃蚜还为害辣（甜）椒、番茄、马铃薯和菠菜等。成蚜、若蚜吸食寄主汁液，分泌蜜露污染蔬菜，还可传播病毒病。受害作物，叶片黄化、卷缩，菜株矮小，大白菜、甘蓝常不能包心结球，留种株不能正常抽薹、开花和结荚。菜蚜主要靠有翅蚜迁飞扩散和传毒，从越冬寄主到春菜、夏菜，再到秋菜，田间发生有明显的点片阶段。菜蚜营孤雌生殖，一头雌蚜可产仔数十头至百余头，条件适宜时 4～5 天繁殖一代，很快蔓延全田。在春末夏初和秋季出现两个为害高峰。

[**防治方法**] 在蚜虫点片发生时，摘除虫叶妥善处理。药剂

防治可用 50% 辟蚜雾可湿性粉剂 2 000 ~ 3 000 倍液，或 2.5% 溴氰菊酯乳油 1 000 倍液，或 20% 杀灭菊酯乳油 6 000 倍液，也可用敌敌畏烟剂熏烟。

（2）温室白粉虱（小白蛾）

[**特点**] 主要为害大棚及露地的瓜类、茄果类、豆类的蔬菜。白粉虱常以各虫态在加温大棚和室内多种寄主上继续繁殖为害，无滞育或休眠现象。第二年春季和初夏通过菜苗移栽时传带，成为大棚、露地蔬菜的虫源。在适宜条件下白粉虱数量增长很快，仅在夏季因高温多雨及天敌的抑制而虫口有所下降，除此迅速上升达到高峰，并逐步迁入温室。在大棚和露地蔬菜生长紧密衔接和相互交替，使白粉虱可周年发生。此外，白粉虱还可随花卉、苗木运输而远距离传播。

[**防治方法**] 发生盛期，设置涂黏油的黄色板诱杀成虫。药剂防治可用 25% 扑虱灵可湿性粉剂 1 000 倍液，或 2.5% 天王星乳油 3 000 倍液，或 2.5% 功夫乳油 3 000 倍液，或 20% 灭扫利乳油 2 000 倍液。

（3）螨（红蜘蛛）

[**特点**] 食性杂，对蔬菜主要为害茄子、辣（甜）椒、马铃薯，各种瓜类、豆类等。成螨、幼虫、若虫在叶背吸食汁液，受害叶呈褐绿斑点，后变成黄白斑和红斑，它猖獗为害时，叶片枯焦脱落，严重地块如火烧状。它以雌成螨群集在秋后寄主附近的土缝、树皮和杂草根部过冬。为害初为点片发生。成螨、若蛹靠爬行或吐丝下垂在株间蔓延，先为害老叶，再向上部叶片扩散。

[**防治方法**] 及时清除周围环境杂草，减少虫源。点片发生时立即用药剂防治，可用 73% 克螨特乳油 2 500 倍液，或 5% 尼索朗乳油 3 000 倍液，或 50% 溴螨酯乳油 1 000 倍液，或 40% 菊酯乳油 2 000 ~ 3 000 倍液，或 40% 菊杀乳油 2 000 ~ 3 000 倍液，或 35% 杀螨特乳油 1 000 倍液，或 20% 双甲脒乳油 1 000 倍液喷雾。

（4）潜叶蝇

[**特点**]潜叶蝇成虫是一种小型的蝇子，体长2.5毫米左右，翅展5~7毫米，黄头、褐眼，触角和足黑色、胸腹部灰色，长有许多长毛，有一对紫色有光泽的透明翅。卵长椭圆形、灰白色，长约0.3毫米。幼虫蛆状，体长约3毫米，初龄是乳白色，后变为黄色，虫体透明，尾节背面有一对很明显的小凸起。蛹是围蛹，长约2.5毫米，扁椭圆形，初为黄色，后变为黑褐色。

[**防治方法**]蔬菜收获后要深耕翻土，清洁用园，清除残株败叶和田边杂草。

应加强虫情测报，在卵孵化高峰期施药，特别是要抓好保护地秋季覆膜后和春季揭膜前的防治。可选用阿维菌素类农药，如1%海正灭虫灵乳油2 000~2 500倍液、1.8%虫螨光乳油3 000~5 000倍液等，也可用48%乐斯本乳油1 000倍液、20%氰戊菊酯乳油3 000倍液、50%辛硫磷乳油1 000倍液、25%爱卡土1 000倍液、20%菊马乳油2 000倍液、21%灭杀毙乳油3 000倍液。另外，可用爱福丁、绿菜宝、灭蝇胺、安绿宝和赛波凯（一般每亩用药液70千克）等，也可利用黄卡诱杀成虫。喷药时力求均匀、周到，并注意轮换、交替用药，以延缓害虫抗药性的产生。

2. 土壤虫害

（1）小地老虎

[**特点**]小地老虎又叫土蚕、地蚕、切根虫。幼虫聚集在番茄心叶或嫩叶处咬食，将叶片咬成小孔或缺口。幼虫长大后，钻入土壤表层，在夜间活动，嗑断幼苗，造成缺苗断垄。

[**防治措施**]早春在成虫大量产卵之前，及时铲除地头杂草，集中烧毁，消灭虫源。发现小地老虎为害症状时，可在早晨拨开断苗附近的表土，捕捉幼虫。用100千克炒香的麦麸或油渣加2.5%敌百虫粉或90%敌百虫晶体0.5千克，再加水5千克与之拌匀，在傍晚撒于苗附近，每亩4~5千克，或用小白菜叶、

莴苣叶代替油渣、麦麸。

（2）蔬菜线虫

[**特点**]为害蔬菜的线虫主要是异皮科的马铃薯金线虫、瓜类根线虫和根瘤线虫，它们主要为害地下根茎。线虫主要为害蔬菜的根部，会使植株长势衰弱，严重时，叶片黄化，叶缘干枯，在土壤中有根系存在的地方，一般或多或少都能找到线虫。线虫多数存活于土表下 10 厘米左右处，营寄生生活，大多数的线虫是专化寄生的，在土质疏松，有机肥较多的土壤中数量较多，它除了为害根部使植株长势衰弱外，还能帮助其他病原物的传播和造成伤口，使受害程度加重。

[**防治措施**]一是轮作远缘科、属间进行 2～3 年间隔轮作，线虫即无法生存。二是深耕与土壤处理。播前深耕深翻 20 厘米或 20 厘米以上，把可能存在的线虫翻到土壤深处，待作物收获后，土表覆盖地膜，暴晒 7 天左右。三是土壤的药剂处理。播种或分苗前 2～3 周，在土壤湿度较大的情况下，将 98% 棉隆（必速灭）6 千克均匀拌入 50 千克细土，施入土层下 15～20 厘米的位置、及时覆土熏焖。或用打孔法，每隔 30 厘米打一个深 15～20 厘米、直径 3 厘米左右的洞穴，每穴灌药 5 毫升立即耙平封口。如采用随犁灌沟法（勿用金属容器），每亩按 15～20 升用量施入，熏焖时间保持一周以上。用 1.8% 爱福丁（或齐螨素）处理土壤，用量 1 毫升/平方米。四是栽培管理防治。增施有机肥，及时、彻底清理残株，增施磷、钾肥料，基肥中增施石灰，添加过磷酸钙浸出液进行叶面追肥等，都可直到控制和减轻病害的作用。五是番茄抗性砧木嫁接控制根结线虫技术。六是封用溴甲烷深层处理。

（三）**主要草害及防治方法**

1. 菟丝子

[**特点**]菟丝子为旋花科菟丝子属植物，也称女萝、丝萝和菟芦，为一种一年生寄生植物，缠在番茄植株丛中争光、争肥、

争水，影响番茄植株正常生长。菟丝子的叶退化，藤茎丝状，黄白色或者稍带紫红色，花很小，白色、黄色或粉红色。

[防除措施] 一是对只有零星片状菟丝子寄生的番茄枝叶可以将寄附有菟丝子的宿株，用镰刀割掉或连根拔除。深埋或晒干焚烧，不可随意乱丢，以防起死复生。如果有大片菟丝子再现为害时，可用除草剂消灭。二是有害生物的生物防治，利用"鲁保1号"防治菟丝子。

2. 田旋花

[特点] 俗称狗狗秧。田旋花为旋花科旋花属植物。多年生草本，根状茎横向延伸。茎蔓生或缠绕，具棱角，多分枝，长达1～2米，叶互生，箭形。花冠漏斗形，白色或粉红色。果球形或圆锥形，内含种子4枚，黑褐色。

[防除措施] 一是严格控制作物种子质量，将混杂入的田旋花种子清除干净。二是及时拔除其根。可采用黑塑料膜隔离光照让旋花草窒息而死。或采用行间中耕的办法除草。三是使用低毒化学除草剂。如丁香油、百里香油、醋酸和肥皂等的使用，有利于有机栽培，草甘膦是禁用的，利用二氧化碳、氮、水削弱田旋花的根系活力。

3. 灰绿藜

[特点] 别名为灰菜。双子叶植物纲石竹亚纲的藜科藜属。多为一年生草本，高30～150厘米。茎直立，粗壮，有条棱及绿色或紫红色条纹，多分枝。叶片互生，菱状卵形至阔披针形，长3～6厘米，宽2.5～5厘米，先端急尖或微钝，基部楔形至阔楔形，上面通常无粉，有时嫩叶的上面有紫红色粉，下面多少有粉，边缘有不整齐疏锯齿；叶柄与叶片等长或短。圆锥状花序枝生或腋生。花小，黄绿色。幼苗子叶线形，叶背略呈紫红色。

[防除措施] 一是全面秋深耕。细致地田间管理，人工除草或中耕2～3次。二是化学药剂防除。在播种或移苗前喷雾，每亩用24%金都尔40～70毫升或43%旱草灵80～110毫升或33%

除草通 167 毫升，对水 75 千克。杂草出苗前或子叶期，使用 50% 扑草净可湿性粉剂 100 克对水 50 千克喷雾，或稍加水拌毒土撒施，也可用 50% 除草剂一号可湿性粉剂 250～300 克，对水 50～60 千克，在番茄播种后至出苗前喷雾。

**4. 小藜**

[特点] 小藜属藜科藜属，一年生草本；高 20～50 厘米。茎直立，有条棱及绿色色条。叶片互生，卵状长圆形，长 2.5～5 厘米，宽 1～3.5 厘米，叶缘具波状齿，通常有 2 个裂片，两面疏生粉粒。花序穗状或圆锥状腋生或顶生。花淡绿色。幼苗子叶长椭圆形或带状。基部紫红色。上、下胚轴均为玫瑰红色。初生叶 2 片，对生，单叶，椭圆形，叶背略呈紫红色。后生叶披针形，互生，基部有两个小锯齿，叶背密布白粉粒。

[防除措施] 同灰绿藜。

**5. 稗草**

[特点] 稗草属禾本科一年生草本植物。另名芒早稗、水田草、水稗草等。

稗草秆丛生，基部膝曲或直立，株高 50～130 厘米。叶片条形，无毛；叶鞘光滑无叶舌。圆锥花序稍开展，直立或弯曲；总状花序常有分枝，斜上或贴生；小穗有 2 个卵圆形的花，长约 3 毫米，具硬疣毛，密集在穗轴的一侧；颖有 3～5 脉；第一外稃有 5～7 脉，先端具 5～30 毫米的芒；第二外稃先端具小尖头，粗糙，边缘卷孢内样。颖果米黄色卵形。种子繁殖。种子卵状，椭圆形，黄褐色。

[防除措施] 一是农业防除。合理轮作和秋深翻地；清选种子。二是化学防除。在杂草出土前，刚出苗期或中期锄草后施用。每亩用 50% 西马津可湿性粉剂 0.25～0.4 千克对水 150 千克喷雾，有效期为 2～3 个月。可使用 20% 水剂克无踪对水 100 倍进行定向喷雾。在播种后出苗前使用拉索（甲草胺 43% 乳油），每亩用量 150～300 毫升，对水 30～35 千克，均匀喷雾。50% 克

稗灵可湿性粉剂在稗草 2～3 叶期施药，每 100 平方米用 375～450 克。还可使用 25% 锈麦隆、50% 扑草净、50% 利谷隆、25% 敌草隆等。三是稗草生物除草剂。对稗草等杂草的防效率达到 90% 以上，可减少化学除草剂用量 75%。

**（四）残膜的为害及残膜清除措施**

1. 残膜的为害

一是影响土壤物理性状，抑制作物生长发育。地膜材料若长期滞留在耕作层，会影响和破坏土壤理化性状，降低土壤的透气性、保水性和土壤胶体吸附能力，造成某些速效性养分流失，阻碍土壤水肥的运移和土壤中的水、肥、气、热活动，造成作物根系生长困难，影响根系正常吸收水分和养分而影响农作物的生长发育，导致作物减产。

二是抑制土壤微生物的活动，使迟效性养分转化率降低，影响施入土壤有机肥养分的分解和释放，使肥效降低。

三是塑料地膜生产过程中添加的增塑剂能在土壤中挥发，对农作物特别是蔬菜作物产生毒性，破坏叶绿素的合成，致使作物生长缓慢或黄化死亡。

四是破坏环境。残膜被丢弃于田头地角，积存于排泄渠道，散落于水库或乱挂在树枝杆头，成为白色污染的重要标志，既不雅观，又严重影响农作和机械作业效率与质量，当人工翻地、整地、栽苗、播种等都会时常会遇到阻碍，采用机械翻地、机械旋耕也沉淀出现残膜缠绕机件的现象。

2. 残膜清除措施

（1）加强人工清除残膜。可分为作物收后清除残膜、作物苗期清除残膜和耕整地中清除残膜，减轻污染为害。将地表和耕作层里的残膜，清理到田外并集中交运到回收站点进行废膜利用。禁止堆在地头、地边和焚烧，以避免二次污染。

（2）自制和购进搂膜机械。充分利用科技进步因素，推广残膜回收机械的应用，提高残膜回收率。

（3）使用光解膜。光解膜是光降解膜的简称，其覆盖一定时间后可自行降解成碎片，不影响土地翻耕，埋在土层中，在微生物的作用下有一定的降解度，被翻到地表后还会继续光解。

# 第六章 蔬菜采收与清洁田园技术

## 一、蔬菜采收技术

### （一）采收时期

采收时期主要由蔬菜种类以及市场需求所决定。

#### 1. 不同蔬菜的采收期

一般以成熟器官为产品的蔬菜，其采收期比较严格，要待产品器官进入成熟期后才能采收。而以幼嫩器官为产品的蔬菜，其采收期则较为灵活，根据市场价格以及需求量的变化，从产品器官形成早期到后期可随时进行采收。

（1）茄果类蔬菜。番茄用于远途运输或贮藏，果皮由绿变白时采收；用于第二天上市，果皮 1/4 左右着色时采收；用于当天上市，果皮全部变成持有颜色时采收；用于留种或作果酱，果肉已变软时采收。

辣椒采收为青椒，可在果实充分肥大，皮色转浓，果皮坚实而有光泽时采收。采收为红椒，果实全部变红时采摘，要求早期果、病秧果宜早收，先分次采收，最后整株拔下。

判断茄子果实是否适于采收，可以看茄子萼片与果实相连接的地方，如有一条明显的白色或淡绿色的环状带，是表明果实正在快速生长，组织柔嫩，还不适宜采收。若这条环状带已趋于不明显或正在消失，则表明果实已停止生长，应及时采收。

（2）瓜类蔬菜。黄瓜长度和粗度长到一定大小，表皮颜色深绿未硬化；黄瓜生长中前期收的瓜条应顶花带刺时进行采摘，要求根瓜宜早收，瓜盛期 2～3 日收 1 次。

冬瓜用于贮藏的果面茸毛消失、果皮暗结或白粉满布时采摘，要求采收时留果柄。

西瓜在以下情况下采收：果实附近几节的卷须枯萎，果柄茸毛消失大部分，蒂部向里凹，果面条纹散开，果粉褪去，果皮光滑发亮；用手指弹果实，声音发浊；一手托瓜，一手拍其上部手心感到颤动时剪摘。

甜瓜在以下情况下采收：显示固有颜色和其他特征；手指弹瓜、有空浊音；有深厚的香气时剪摘。

苦瓜在开花后 12～15 天采收。果实条状或瘤状突起较饱满，果皮有光泽，果顶色变淡时剪摘。

（3）其他蔬菜。大白菜、结球甘蓝、花椰菜等蔬菜，一般在叶球、花球紧实期进行采收。大葱、大蒜等鳞茎类蔬菜一般在鳞茎发育充分，进入休眠前期进行采收。根菜类、薯芋类、水生蔬菜、莴笋等蔬菜一般在成熟期或进入休眠期前进行采收。绿叶菜类一般在茎、叶盛长期后，组织老化前进行采收。豌豆表面应由暗绿转为亮绿时采收。

2. 市场需求及销售方式

（1）市场需求。一般蔬菜供应淡季，一些对采收期要求不严格的嫩瓜、嫩茎以及根菜、叶菜的收获期可以提前，以提早上市，增加收入。进入蔬菜旺季，各种蔬菜的收获期往往比较晚，一般在产量达到最高期后开始采收，以确保产量。

（2）销售方式。如番茄、西瓜、甜瓜等成熟果为产品的蔬菜，如果采后就地销售，一般可在果实达到生理成熟前开始采收。如果采收后进行远距离外销，则可在果实体积达到最大，也即定个后进行采收，以延长果实的存放期。

**（二）采收时间**

蔬菜采收应确保农药使用的安全间隔期。最后一次使用农药的日期距离蔬菜采收日期之间，应有一定的时间隔天数，防止蔬菜产品中残留农药超标。一般夏季至少为 6～8 天，春秋季至少为 8 ~ 11 天，冬季则应在 15 天以上。

蔬菜的适宜采收时间为晴天的早晨或傍晚，气温偏低时进行采收。早晨采收时应在产品表面的露水消失后开始收获，雨后要在产品表面上的雨水消失后才能进行采收。根菜类、薯芋类、大蒜、洋葱等蔬菜应在土壤含水量适中（半干半湿）时进行采收，雨季应在雨前收获完毕。

**（三）采收方法**

1. 茄果类蔬菜

果实采收时用手掌轻握果实向上略托或稍旋，果梗即在离层处与果枝分离。辣椒的果皮有一层蜡质，对防止水分的蒸发有一定的帮助，要很好保护，采收后的果实放入必备的工具背筐、提篮、菜筐中。

2. 瓜类蔬菜

（1）黄瓜。设施栽培黄瓜应适当早收，当瓜长到 25 ~ 30 厘米长、顶花带刺时采摘黄瓜。露地黄瓜结瓜量少，应适当晚收，提高产量。根瓜采收要早，一般开花后 8 ~ 10 天采收为宜。

（2）西瓜。西瓜应在上午收瓜。收瓜时，用剪刀将留瓜节前后 1 ~ 2 节的瓜蔓剪断，使瓜带一段茎蔓和 1 ~ 2 片叶收下。

（3）西葫芦。西葫芦瓜把粗短，要用利刀或剪刀收瓜。早上收瓜，瓜内含水量大，瓜色鲜艳，瓜也较重。

（4）冬瓜。小冬瓜采收标准不严格。嫩瓜达到食用标准后即可采收，大冬瓜一般在生理成熟后采收，采收方法是剪或摘。

（5）甜瓜。甜瓜应在上午收瓜。此时瓜的含水量高，果肉清脆，口感好，同时瓜色鲜艳，外观美，瓜也比较重。收瓜时，用剪刀将瓜带一小段果柄剪下。

（6）苦瓜。苦瓜开花后 12 ~ 15 天采收；果实条状或瘤状凸起较饱满，果皮有光泽，果顶色变淡。

3. 叶菜类蔬菜

绿叶菜一般植株矮小、生育期短，没有严格的采收标准，大小都可以上市作为商品蔬菜。就近生产，就近供应，以便随时采收，及时销售。

把芫荽（香菜）、小白菜等蔬菜从地里收起，摘掉黄叶、烂叶，然后根对根成行摆齐，摘去黄叶，捆成菜把，每把 1 ~ 1.5千克。

芹菜采收标准依栽培季节、栽培方式、市场需求而定。一般以植株的最外层叶片未枯黄、未焦枯为准，采收后修黄叶、修根后札成套 5 ~ 10 千克的捆，采收过早，生长不足，产量过低；采收过迟，又会影响芹菜的商品质量，尤其是春芹。

秋菠菜播后 30 天便可采收，以后每隔 10 ~ 20 天可采收一次，共可采收 2 ~ 3 次。春菠菜株高达 20 厘米以上后，及时收获上市，常一次采收完毕。

蕹菜（空心菜）直播的播后 1.5 ~ 2 个月开始采收，第一次采摘时齐主蔓基部摘下，留二个侧蔓生长。扦插的 1 个月后可采摘嫩茎梢，第一次采摘时留基部 2 ~ 3 个节，7 ~ 10 天后侧蔓长至 28 ~ 30 厘米长时，再保留基部 2 ~ 3 节采摘上部嫩梢，如此不断采摘直至降霜，地上部枯死。

大白菜收获时砍或拔，待叶球充分成熟；寒冻前收完。

结球甘蓝收获时砍，待外叶张开，叶球充分肥大，包球紧实。

花椰菜收获时砍，待花球充分肥大，球面开始变平，边缘尚未散开。

青花菜收获时割，待花球长成，花梗未伸长，花蕾未开放。

**（四）蔬菜的清理、分级、包装**

1. 蔬菜的清理

产品采收以后，许多蔬菜在分级之前都需要整理或清洗。清洗主要是为了洗掉蔬菜表面的混土、杂物、农药、化肥等活物，使蔬菜更加美观、干净，便于分级和包装。值得注意马铃薯就不能水洗。另外，洗菜水中需要加一些消毒剂，以防止病菌的传播，通常所使用的消毒剂是漂白粉，一般番茄可用2%的漂白粉水溶液洗果。蔬菜经过清洗后一定要晾一下，使蔬菜表面的水去掉以后，然后便进入分级挑选。

2. 蔬菜的分级

现在推行的蔬菜商品标准多是按照规格和质量两方面的要求将商品分为三个等级。主要依据新鲜蔬菜的坚实度、清洁度、鲜嫩度、整齐度、质量、颜色、形状以及有无病虫害感染或机械伤等分级。以分级后的蔬菜商品，大小一致，规格统一，优劣分开，从而提高了商品价值，降低了贮藏与运输过程中的损耗。

（1）茄果类蔬菜产品分类质量规格。茄果类蔬菜产品的商品性状要求具备品种基本特征，无畸形，无机械伤，无腐烂，无虫眼，具有商品价值。按茄果类蔬菜产品的分类质量规格（表6-1）分级，分成一等、二等、三等。

表6-1　茄果类蔬菜产品的分类质量规格

| 蔬菜种类 | 质量规格 | | |
|---|---|---|---|
| | 一等 | 二等 | 三等 |
| 茄子 | 鲜嫩，油色发亮，无热斑，无虫洞，无花斑，不皱皮，不开裂，不断头，不烂 | 鲜嫩，无热斑，无虫洞，略有花斑，不皱皮，不开裂不烂 | 新鲜，无红籽，无严重热斑，不烂 |
| 辣椒 | 新鲜，光亮，无热斑，无虫蛀，个头均匀，不烂 | 新鲜，有光，无热斑略有虫蛀，个头均匀，不烂 | 新鲜，无严重热斑无严重虫蛀，不烂 |
| 番茄 | 新鲜，色红，无老虎脚爪，无硬斑，个头均匀 | 新鲜，色红，无老虎脚爪，无硬斑，无热斑开裂不出水 | 新鲜，色红，无严重老虎脚爪，无严重烂斑，不出水 |

（2）瓜类作物产品的分类质量规格。分级场所，除冬季可在仓内分级外，其他季节必须及时送往冷库过道进行分级，分级标准根据出口日本黄瓜标准，使用不锈钢刀片将瓜柄基部留0.5厘米左右处削齐，同时，去除顶花，按商品性状要求具本品种基本特征，无畸形，无机械伤，无腐烂，无虫眼，具有商品价值。巡瓜类作物产品的分类质量规格（表6-2）分级，分成一等、二等、三等，然后及时入库。

表6-2　瓜类作物产品的分类质量规格

| 蔬菜种类 | 质量规格 | | |
|---|---|---|---|
| | 一等 | 二等 | 三等 |
| 黄瓜 | 果形端正，果直，粗细均匀，果刺瘤完整、幼嫩、色泽鲜嫩。带花。果柄长4~5厘米 | 果形较端正，弯曲度0.5~1厘米，粗细均匀。带刺，果刺幼嫩。果刺允许有少量不完整，色泽鲜嫩。可有1~2处微小疵点。带花。果柄长5厘米 | 果形一般。刺瘤允许不完整。色泽一般，可有干疤或少量虫眼，允许弯曲，粗细不太均匀，允许不带花。大部分带果柄 |
| 西葫芦 | 果形直，端正，粗细均匀，具绑毛。无疤点。质嫩，果皮光亮。果柄长1~2厘米 | 果形端正或较端正。弯曲度0.5~1厘米，粗细较均匀。果上可有1~2处微疤点，质嫩。弯曲度0.5~1厘米，粗细较均匀。果柄长1~2厘米 | 允许果形不够端正。果上可有少量干疤点。允许弯曲。果尚嫩 |
| 西瓜 | 果形端正。果球表面无病虫害。机械伤轻微。无空洞现象 | 果形较端正。允许轻微空洞现象。无病虫害。机械伤少 | 允许果形不端正，允许有空洞现象。病虫害和机械伤的程度轻微 |
| 甜瓜 | 果形端正。果球表面无病虫害。机械伤轻微。无空洞现象 | 果形较端正。允许轻微的空洞现象。无病虫害。机械伤少 | 允许果形不端正。允许有空洞现象。病虫害和机械伤的程度轻微 |

（3）叶菜类蔬菜产品分类质量规格（表6-3）

表6-3　叶菜类作物产品的分类质量规格

| 蔬菜种类 | 质量规格 | | |
|---|---|---|---|
| | 一等 | 二等 | 三等 |
| 萝卜 | 表皮光滑，无泥，无刀伤，无八脚，无灰心，无须，个头均匀，单个重700克以上 | 皮略粉刺，无泥，无须，无灰心，不空心，略有八脚，略有刀伤，略有断头 | 无泥，无灰心，不空心，不烂 |
| 胡萝卜 | 粗壮，光滑，无泥，无刀伤，无八脚，无虫蛀，无开裂，不断，个头均匀，单个重50克以上 | 光滑，无泥，略有八脚，略有开裂，个头均匀 | 无泥，无坏心，不烂 |
| 芹菜 | 鲜嫩，洗净，无泥，无青老叶，略有病虫害，不起管，长度不超过60厘米，理齐扎小把 | 鲜嫩，洗净，无泥，无青老叶，略有病虫害，不起管，长度不超过60厘米，理齐扎小把 | 鲜嫩，洗净，无泥，无青老叶，无严重起管，长度不超过67厘米，理齐扎小把 |
| 莲藕 | 无泥，无刀伤，无虫蛀，表皮光滑 | 无泥，无刀伤，无虫蛀、洞略有麻斑 | 无泥，无严重虫蛀，不烂 |

3. 蔬菜的包装

蔬菜的包装是为了提高果蔬的商品价值，便于销售，有利贮运。不同种类的蔬菜适用不同包装容器。

（1）竹筐。竹筐适合叶菜、甜椒、菜豆、花椰菜、蒜薹等的运输包装。使用竹筐作为运输包装装运蔬菜时，筐内应衬一层至两层报纸或牛皮纸，避免蔬菜与筐的内壁直接接触，可减轻蔬菜在搬运过程中的机械损伤。

（2）纸箱。纸箱尤其具有防潮性能的瓦楞纸箱是大多数茄果类、瓜类的最好包装。

（3）麻袋和尼龙网袋。麻袋和尼龙网袋适于不怕挤压的马铃薯、洋葱和萝卜等根茎类蔬菜和体积大质量轻的蔬菜（大蒜头、甜椒等），短距离运输大白菜、蒜薹、芹菜、结球甘蓝和莴笋等蔬菜，可使用麻袋或尼龙网袋作为运输包装，虽然它不如塑料筐包装的效果好。

（4）塑料筐。塑料筐是短途汽车运输蔬菜比较理想的包装，适于叶菜类、茄果类等多种蔬菜的运输，它的强度高，耐挤压，可很好地保护蔬菜。筐间空隙大，空气流通好，腐烂损耗也很低。

（5）蔬菜的商品包装材料。一般蔬菜商品包装应遵循以下几点：蔬菜的品质好；质量准确；尽可能使顾客看清内部蔬菜的情况；避免使用有色的包装来混淆蔬菜本身的颜色，例如，不能使用橘黄色的薄膜包装胡萝卜；对一些稀有蔬菜，应在包装上简要介绍一些烹饪方法。

**（五）蔬菜产品的贮存与运输**

**1. 蔬菜产品的贮存**

一是蔬菜贮藏库、加工库、成品贮藏库等仓库应存放相应的产品，应做到存放批次分明，放置整齐。同一仓库内不得存放可能造成相互污染的产品。

二是车间内设备、设施和工器具需用无毒、不生锈、易清洗的材料，并且做到最少每月消毒一次。包装物应用环保型的，符合食品卫生安全要求。严禁用不清洁的包装物、严禁不卫生的杂物混装。

三是蔬菜贮藏过程中要防止污染，一般贮藏场所要安装通风装置，有条件的可安装冷风库贮藏蔬菜，注意控制温湿度。

四要防止贮藏产品被鼠、虫为害。

**2. 蔬菜产品的运输**

运输是蔬菜产销过程中的重要环节。在发达国家，蔬菜的流通早已实现了"冷链"流通系统，新鲜蔬菜一直保持在低温状态下运输。

公路运输应注意以下几点：一是用于长距离运输蔬菜的车辆应以大型上车为主，车况良好。车厢应为高帮，有顶篷，装车时不能用绳子勒捆、挤压，减少蔬菜在运输过程中的机械伤。二是一般来说，常温下运输蔬菜应在1 000公里以内，且24小时内能到达销售网点为好。由于各种蔬菜耐贮运的特性不同，装车运输的数量、运输距离及时间也各不相同。三是装车时要注意包装箱、筐、袋之间的空隙，一般不能散装。车前和车的两边应留有通风口，不能盖得太严。汽车运输主要应抓住一个快字，坚持快装快运，到达销售网点后，及时卸菜销售。

目前，我国铁路运输蔬菜限于冷藏车辆不足，多数采用"土保温"的方法，也就是使用普通高帮车加冰降温，加棉被或草苫（帘）保温的方法装运蔬菜。此外，也还有部分蔬菜是采用加冰保温车和机械保温车运输的。蔬菜运输应采用无污染的交通运输工具，不得与其他有毒、有害物品混装、混运。

# 二、清洁田园技术

## （一）回收生产资料

茄果类、瓜类罢园时及时清理架杆、吊绳、滴灌带。剪除绑蔓的绑绳，收回架杆，整理捆扎好架杆以备来年使用。可多次使用的聚酯尼龙吊绳缠绕回收。迷宫式滴灌带缠绕回收，放置阴凉、防雨防晒处保管以备来年使用。

## （二）清除植株残体、地膜和杂物

一是可将蔬菜生长期间初发病的叶片、果实或病株等及时清除或拔去，以免病原物在田间扩大、蔓延。清洁田园主要是在病害初侵染的阶段，它具有减少病原物再侵染的作用。

二是蔬菜采收后，把遗留在地面上的病残株集中烧毁或深埋。田间的枯枝、落叶、落花、落果、遗株等各种残余物应及时清理出菜园。在拉秧时，将茎枝带根拔出，把地里的落叶、残膜拣净扔出田间烧掉或深埋。

三是可提前回收地膜，地膜覆盖效应主要表现在播种事定植后的 40~60 天内。在地膜尚有一定强度又不影响正常生长的情况下可提早揭除回收，为了方便回收，可采用地膜侧播种、定植的两侧覆盖地膜，以便能迅速干净地消除残膜。

### （三）土壤消毒

**1. 化学消毒**

随着保护地蔬菜的发展，多种土传病害日趋突出，造成的经济损失也日趋严重，已成为限制保护地蔬菜生产发展的主要因素，尤其在一些老菜区，发病异常严重，局部地区已发展到不能再生产的程度。防治土传病害，要进行土壤消毒，杀死土壤中的有害微生物，以消除或削弱重茬病。对定植穴的土壤用 40% 甲醛（福尔马林）100 倍液 10 千克均匀喷洒或注入，然后盖膜 10 天，或用敌克松 500 倍液均匀喷洒或注入，然后盖膜 10 天，或用多菌灵原粉 8~10 克/平方米撒入土壤中进行消毒。应用氯化苦消毒或用溴甲烷熏蒸土壤，不仅无残留、效果好，而且还可杀死大量草籽。

**2. 物理消毒（对土壤进行日光消毒处理）**

在保护地蔬菜春夏之交的空茬时期，利用天气晴好、气温较高、阳光充足的时机（7~8 月），将保护地内的土壤翻 30~40 厘米深，破碎土团后每亩均匀撒施 2~3 厘米长的碎稻草和生石灰各 300~500 千克，再耕翻使稻草和石灰均匀分布于耕作土壤层，并均匀浇水，待土壤湿透后铺透明塑料膜，铺平拉紧，压实四周，闭棚升温，使耕层土壤湿度达到 50℃ 以上，高温闷棚时间为 10~30 天，若条件允许再深翻土壤，重复一次高温闷棚处理。

# 第七章　南方茄果类蔬菜栽培技术

## 一、番茄栽培技术

番茄，别名番茄、洋柿子、蕃柿等。按植株生长习性可分为有限生长型和无限生长型，按果皮厚度可分为薄皮番茄和厚皮番茄。

### （一）塑料大棚番茄栽培技术

1. 品种选择

大棚栽培一般都选早熟品种和中熟品种，耐寒、抗病、结果集中而丰产潜力大的品种。

2. 播种育苗

（1）播种期。11月上中旬在大棚内播种育苗，翌年1月下旬至2月中旬定植，4月上旬至7月上旬采收。

（2）种子处理。播种前进行种子处理，剔除杂质、劣籽后，用55℃温水浸种15分钟，并不断搅拌。将种子放在清水中浸种3~8小时，捞出用纱布包好，在25~30℃的环境中催芽，50%以上种子露白即可播种。

（3）播种。常用的育苗方法有2种，即苗盘育苗和苗床育苗。

苗盘育苗：苗盘规格是25厘米×60厘米，每个盘播种5克，每亩生产田用种30~40克。装好营养土浇足底水后播种，播后覆盖0.5厘米左右厚的盖籽土。苗盘下铺电加温线，上盖小拱棚。

苗床育苗：苗床宽1.5米，平整后铺电加温线，电加温线之间的距离为 10 厘米，然后覆盖 10 厘米厚的营养土，浇足底水后播种，播后覆盖 0.5 厘米左右厚的盖籽土。播种量每平方米 15 克左右。苗床上盖小拱棚。

（4）苗期管理。同冬春茬温室番茄育苗苗期管理。

3. 整地定植

（1）整地作畦。选择地势高爽，前 2 年未种过茄果类蔬菜的大棚，施入基肥并及早翻耕，耙细耧平、打畦，畦垄宽 70 ~ 80 厘米，沟宽 40 厘米，畦硬高 15 厘米，畦面上浇足底水后覆盖地膜。

（2）施足基肥。一般每亩施厩肥 5 000 ~ 7 500 千克，过磷酸钙 50 千克，复合肥 25 千克，肥料结合耕地均匀翻入土中后做畦。

（3）及时定植。当苗龄适宜，棚内温度稳定在 10℃ 以上时即可定植。一般在 1 月下旬至 2 月上旬，选择晴好无风的天气定植。定植前营养钵浇透水，畦面按株行距先用制钵机打孔，定植深度以营养钵土块与畦面相平为宜。定植后，立即浇搭根水，定植孔用土密封严实。同时，搭好小拱棚，盖薄膜和无纺布。定植密度早熟品种以每亩 4 500 株为宜，中熟品种以每亩 3 200 株为宜。

4. 田间管理

大棚春番茄的管理原则以促为主，促早发棵，早开花，早坐果，早上市，后期防早衰。

（1）温光调控。定植后当天晚上应用草帘将大棚四周围严，一般 5 ~ 7 天内不通风，闭棚增温。白天出太阳后，及时把草帘去掉，增加光照，提高棚温，促进缓苗。缓苗后，棚内气温白天保持在 25 ~ 30℃，夜间保持 15 ~ 20℃，防止夜温过高，造成徒长。结果期白天适温 26℃ 左右，夜间适温 16℃ 左右，昼夜温差在 10℃ 为宜。

（2）整枝保果。第一穗果坐果后，须插架、绑秧。大棚栽培多用单杆整枝法。中晚熟品种留 5 ~ 6 穗果，早熟品种多留 2 ~ 3 穗果。番茄易发生侧枝，要及时抹去，不然会造成疯长，消耗大量养分，还会通风不畅，不仅会造成落花落果，还会造成病害。将植株底层衰老叶片摘除，能改善通风状况。

早春番茄，由于气温低，光照差，坐果不良，应尽量提高棚温，并需涂抹生长素 2，4-D 保果。在第一花序开花期用 10 ~ 20 微克/克的 2，4-D 或用 20 ~ 30 微克/克的番茄灵蘸花，可在药液中加入红墨水做标记，还可节省人力物力。

（3）追肥灌水。定植缓苗后，要控制浇水。第一花序坐果后浇一水，以后 6 ~ 7 天浇一水。浇水应选择晴天上午，浇时应浇透，覆盖地膜的更应浇透。浇水后闭棚提温，次日上午和中午要及时通风排湿。

早熟品种一般追肥 2 次。第一次追肥于第一穗果坐果后，每亩追施尿素 10 ~ 15 千克。第二次追肥于第一穗果白熟时进行，可促进第二穗果的生长发育，每亩追施尿素 7.5 ~ 10 千克。

盛果期番茄需水量大，因气温、棚温高，植株蒸腾量大。因此，应增加浇水次数和灌水量，可 4 ~ 5 天浇一水；浇水要匀，切勿忽干忽湿，以防裂果。

5. 采收

番茄果实已有 3/4 的面积变成红色时，营养价值最高，是作为鲜食的采收适期。通常第一、第二花序的果实开花后 45 ~ 50 天采收，后期（第三、第四花序）的果实开花后 40 天采收。采收时应轻拿、轻放，并按大小等分成不同的规格，放入塑料箱内。

**（二）露地番茄栽培技术**

1. 品种选择

应根据不同地区的气候特点、栽培形式及栽培目的等，选择适宜本地区的品种。早熟栽培宜选择自封顶生长类型的早熟丰产的品种，晚熟栽培宜选择非自封顶生长类型的晚熟、抗病、高产的品种。

2. 培育适龄壮苗

露地春番茄栽培的适宜苗龄为 50~70 天，即定植前 50~70 天要进行播种。春茬番茄 2 月在保护地内播种育苗，5 月上旬晚霜过后定植在露地。苗期要加强管理，培育壮苗。

3. 整地定植

（1）整地作畦。栽培番茄的地块，最好进行 25~30 厘米深的秋翻，番茄栽培分垄栽和畦栽。畦栽又分高畦、平畦和沟畦。垄栽一般垄距为 50~30 厘米。畦栽一般畦宽 1.0~1.3 米。畦向或垄向以南北向为好。

（2）增施基肥。整地做畦时应增施基肥，一般每亩施农家肥 5 000 千克左右，复合肥或磷酸二铵 30 千克左右，过磷酸钙每亩施 100 千克左右，基肥施用最好采用沟施。

（3）定植。春番茄一般在耕层 5~10 厘米深的地温稳定通过 12℃时立即定植。早熟品种一般每亩栽 5 000~6 000 株，中晚熟品种一般每亩栽 3 500 株左右，中晚熟品种双干整枝，高架栽培每亩栽 2 000 株左右。早熟品种一般采用畦作，畦宽 1~1.5 米，定植 2~4 行，株距 25~33 厘米；晚熟品种采用畦作，畦宽一般为 1~1.1 米，每畦栽 2 行，株距 35~40 厘米。

（4）地膜覆盖。地膜覆盖可以覆盖垄，也可覆盖畦。可以先铺膜后栽苗，也可先栽苗后铺膜。栽苗时秧苗四周覆上要严紧，防止地膜被风刮碎，防止地膜下的热气烧苗。

4. 田间管理

（1）中耕除草。在雨后或灌水后，待土壤水分稍干后要及时进行中耕除草，整个生育期一般进行 3~5 次。地膜覆盖栽培一般不进行中耕，除草时一般就地取土把草压在地膜下，使其黑暗致死，大草要人工拔除。

（2）灌水。定植后 3~5 天，待植株心叶颜色由老绿转变为嫩绿，生长点开始生长时，一般要灌一次缓苗水。番茄蹲苗期结束即进入结果期，结果期要高肥足水，促进茎叶和果实的生长发育。在正常天气情况下，一般每隔 4～6 天灌水一次，灌水量要逐渐增大。

（3）追肥。第一果穗坐果以后，结合浇水要追施一次催果肥。每亩可施尿素 15～20 千克，过磷酸钙 20～25 千克，或磷酸二铵 20～30 千克。也可用 1 000 千克腐熟人粪尿和 100 千克草木灰代替化肥施用。以后在第二穗果和第三穗果开始迅速膨大时各追肥一次。高架栽培第四穗果开始迅速膨大时也要追肥。根外追肥可选用 0.2%～0.4% 的磷酸二氢钾，或 0.1%～0.3% 的尿素，或 2% 的过磷酸钙水溶液对面喷施。

（4）插架与绑蔓。番茄定植后到开花前要进行插架绑蔓，防止倒伏。早熟品种可用矮架，晚熟大架番茄不但要高，还要坚固。绑蔓要求随着植株的向上生长及时进行，严防植株东倒西歪或茎蔓下坠。绑蔓要松紧适度。绑蔓要把果穗调整在架内，茎叶调整到架外，以避免果实损伤和果实日烧，提高群体通风透光性能，并有利于茎叶生长。

（5）整枝打杈。早熟栽培一般采用单干整枝法，晚熟越复栽培可采用连续摘心整枝法，或换头再生整枝法。结合整枝要进行疏花疏果，摘除老叶和病叶。

（6）保花保果。春茬露地番茄保花保果的主要措施是培育壮苗，花期使用坐果激素及振动授粉。除盐碱地或特别干旱外，花期控制灌水。花期要进行叶面喷肥。

5. 病虫害防治

露地番茄，苗期要注意防治猝倒病和立枯病，注意防治蝼蛄、小地老虎和蟋蟀等。田间发病北方主要有晚疫病、病毒病、斑枯病、早疫病等。此外，还易发生脐腐病、日烧病、裂果及畸形果等生理病害。田间虫害主要有蚜虫和棉铃虫等。

6. 果实采收

露地番茄大约在定植后 60 天左右便可陆续采收。鲜果上市最好在转色期或半熟期采收。贮藏或长途运输最好在白熟期采收。加工番茄最好在坚熟期采收。

# 二、辣椒栽培技术

辣椒，别名秦椒、番椒、辣茄等。按果实形状可分为灯笼椒、牛角椒、羊角椒、线椒、圆锥椒和樱桃椒等。按用途一般分为菜椒、干椒、水果椒和观赏椒等。

## （一）塑料大棚辣椒栽培技术

### 1. 品种选择

要选用较耐寒、耐湿、耐弱光、株形紧凑而较矮小的早熟、抗病良种。

### 2. 育苗

大棚早熟辣椒要早播种，育大苗。一般头年10月上中旬播种育苗，11月下旬移苗，定植时苗矮壮，已分杈、带花蕾。

### 3. 定植

定植前要尽早深翻土地任其暴晒和冰冻，以利改良土壤和消灭部分病菌及害虫。结合耕翻土地施入基肥。基肥应以有机肥为主。一般每亩施优质有机肥5 000千克，氮磷钾复合肥50千克，钙镁磷肥40千克，硫酸钾15千克。为防止徒长，预防发病，要注重增施磷钾肥。定植前7~10天扣上棚膜，畦面盖地膜，提高棚温和地温。长江流域地区一般于2月中旬前后定植。一般单株定植为好，亩植3 500~4 000株。

### 4. 田间管理

（1）温度管理。定植后4~5天内一般密闭大棚，以提高温度加速缓苗。秧苗成活后至坐果之前，白天棚温上升至28℃以上时要通风，下午降至28℃时则闭棚。结果期以32℃作为通风及闭棚的临界温度。夜间最低温在16℃以上，昼夜通风。早春常出现低温为害及冻害，一是加盖地膜，可显著提高地温，降低棚内湿度，对提高棚温也有较好效果；二是大棚内套盖小棚，可提高温度 2~3℃。夜间再在小棚上加盖草帘，保温效果更好。

（2）水分管理。大棚早辣椒水分管理的原则是前期要控制浇水，避免棚内低温高湿。结果期要充分供水。如能采用滴灌，可降低棚内湿度，提高地温，省水省时，有利辣椒生长和减轻发病。

（3）施肥管理。辣椒在座果之前，只能酌情轻施一次提苗肥，用稀粪水或 1% 的复合肥水点兜。开始采果后，在畦中央行间开沟施复合肥，亩施 15~20 千克。以后每隔 10~15 天追一次肥，复合肥和尿素交替使用，每次亩施 10 千克左右。绝不可用碳铵作追肥，以免氨气中毒。同时，可结合喷农药，叶面喷施 1% 磷酸二氢钾或钾宝 2~3 次，促进果实膨大。

（4）病虫防治。大棚早期的主要病害有灰霉病、煤烟病，生育中期易发生顶枯型病毒病，菌核病在大棚辣椒的整个生育期均有发生，要及时防治。

（5）其他管理。生长前期要及时摘除植株基部生长旺盛的侧枝。中后期摘除植株内侧过密的细弱枝。前期常因夜温过低及植株徒长等原因引起落花，用防落素喷花，有保花保果作用。但防落素不能喷在叶片上，尤其不能喷植株顶部幼嫩生长点，以免药害。

5. 越夏管理

进入 6 月后，为防止高温为害，应及时拆去裙膜，仅保留顶膜，大棚四周日夜大通风。保留顶棚膜可防雨，降低温度，大大减轻发病率。炎夏时节，在顶棚膜上加盖遮阳网，能遮阳、降温，最高气温可降低 4~6℃。有网膜双覆盖，大棚辣椒可越夏生长。9 月份秋凉后将遮阳网撤去。

6. 采收

春大棚辣椒一般于开花后 25~30 天采收上市。长势旺的植株可适当晚采，长势弱的早采，以协调秧果关系，平衡长势。

**（二）露地辣椒栽培技术**

露地及地膜覆盖栽培是一种常规栽培，与大棚栽培配套可使辣椒实现周年供应，经济效益也很好。

1. 品种选择

近郊以早熟栽培为主，品种有湘研1号、11号、2号、4号、7号、19号和早丰等。远郊及特产区以中晚熟栽培为主，中熟品种有湘研3号、5号等，晚熟品种有湘研6号、8号、10号等。地膜覆盖最好选用早熟品种。

2. 培育壮苗

（1）播期选择。播期选择12月中下旬至1月下旬，用大棚温床播种育苗。营养土都须进行消毒处理，用薄膜覆盖5~7天，或用该药液直接喷洒于苗床，盖地膜闷土5~7天，然后敞开透气2~3天后可用于播种。

（2）种子处理。先晒种2~3天或置于70℃烘箱中干热72小时，消灭附着在种子表面的病菌和病毒，然后将种子浸入55℃温水中，经15分钟，再用常温水继续浸泡5~6小时，用1%硫酸铜溶液浸5分钟，浸后用清水洗净。置于25~30℃条件下的培养箱、催芽箱或简易催芽器中催芽，一般3~4天，70%左右的种子破嘴时即可播种。催芽时，还可在个别种子破嘴时，置于0℃左右低温下锻炼7~8小时后再继续催芽，以提高抗寒性。

（3）播种。每亩需种75克，每平方米标准床播种150~200克，播种前先浇足底水，待水渗下后，耙松表土，均匀播种，盖消毒过筛细土1~2厘米厚，薄洒一层压籽水，塌地盖薄膜，并搭建小拱棚，闭严大棚，进入苗期管理。

（4）苗期管理。播后至幼苗出土期，保持白天温度28~30℃，夜间18℃左右，床温20℃，闭棚，70%幼苗出土后去掉塌地薄膜。破心期日温降至20~25℃，夜温15~16℃，床温18℃。破心后至分苗期，控制床温19~20℃。晴朗天气多通风见光，维持床土表面呈半干半湿状态，"露白"前及时浇水。床土湿度过大，可撒干细土或干草木灰吸潮，并适当进行通风换气。若床土养分不足，可于2片真叶后结合浇水喷施1~2次营养液。发现猝倒病，应连土拔除病苗，并撒多菌灵或百菌清药土防治，阴雨天突然转晴时，小拱棚上要盖遮阳网，以后逐渐揭开见光。分苗前3~4天适当进行秧苗锻炼，白天加强通风，夜间控制温度在13~15℃。

苗龄30~35天，3~4片真叶时，选晴朗天气的上午10：00至下午15：00及时分苗，分苗间距7~8厘米。分苗宜浅，子叶必须露出土面。分苗深度以露出子叶1厘米为准，立即浇压根水，盖严小拱棚和大棚膜促缓苗，晴天还要在小拱棚上盖遮阳网。

缓苗期要保证地温达18~20℃，日温25℃，加强覆盖，提高空气相对湿度。旺盛生长期，加强薄膜的揭盖，适当降温2~3℃，每隔7天结合浇水喷1次0.2%的复合肥营养液，特别是用营养钵排苗的，因不易吸收土壤中水分，应加强水的管理，维持床土表面呈半干半湿状态，防止"露白"。加强通风，即使是阴雨天气也要于中午短时通风1~2小时。发现秧苗徒长，可喷施50毫克/千克多效唑抑制。定植前7天炼苗，夜温降至13~15℃，控制水分和逐步增大通风量。

3. 整地施肥

辣椒栽培忌土壤含水量过高，最好是在先年冬季翻地冻垡风化，通过深耕冻化对加强土壤的通透性效果很好。翻地后要及时挖好排水沟、围沟、腰沟和厢（垄）沟，这些沟的深度依次减浅，保持土壤干松不积水。整土宜在定植前一个星期进行。为方便农事操作、排水和沟灌，宜采用窄畦或高垄，畦面宽度1.5~2米，垄宽0.8~1米。整好地后开穴。

一般可用园土和农作物秸秆为主，加入人畜粪尿，进行沤制，亩用量为5 000千克，另加50千克过磷酸钙和100千克饼肥。

4. 及时定植

露地定植时间主要决定于露地温度状况，在南方，早熟品种3月下旬至4月上旬，中熟品种4月中下旬，晚熟品种可迟至5月上旬，移栽时尽量少伤根，晴天定植，植穴要干，湿土移栽缓苗慢，生长差。可栽双株，株行距，早熟品种40厘米×50厘米，中熟品种50厘米×60厘米，晚熟品种50厘米×60厘米。地膜覆盖栽培定植时间只能比露地早5~7天，定植方法可采用先铺膜后定植和先定植后铺膜2种方式。

5. 田间管理

（1）中耕培土。定植成活后及时中耕2~3次，封行前进行一次大中耕，深及底土，粗如碗大，此后只锄草，不再中耕。早熟品种可平畦栽植，中、晚熟品种要先行沟栽，随植株生长逐步培土。地膜覆盖的不进行中耕，中、晚熟品种植株高大，生长后期应注意插扦固定植株。

（2）追肥。结合浅中耕，淡肥轻施腐熟猪粪尿水提苗，不宜多施尿素、硫铵及人粪尿。自第1花现蕾至第1次采收，亩施人畜粪尿500千克、复合肥10千克，视情况施追肥1~2次。自第1次采收至立秋前，亩施人畜粪1 000千克、复合肥20千克，必要时加尿素10千克，采收1次追肥1次，共追4~5次。立秋和处暑前后各追施一次，每次每亩施人畜粪尿100千克、复合肥20千克。地膜覆盖栽培宜采用"少吃多餐"的施肥原则，在门椒采收前后进行第1次追肥，少量勤施，5月底以前以追稀粪为主，6月中旬至8月上旬以追复合肥为主。盛果期可根外追施0.5%磷酸二氢钾和0.3%尿素液肥。也可在垄间距植株茎基部10厘米处挖坑埋施复合肥、饼肥，施后用土盖严。

（3）灌溉。6月下旬进入高温干旱期，可进行沟灌，灌水前要除草、追肥，且要看准天气才灌，避免灌水后下雨，要午夜起灌进，天亮前排出，灌水时间尽可能缩短，进水要快，湿透心土后即排出，不能久渍。灌水逐次加深，第1次齐沟深1/3，第2

次 1/2，第 3 次可近土面，但不漫过土面。每次灌水相隔 10～15
天，以底土不现干，土面不龟裂为准。地膜覆盖栽培，定植后，
在生长前期灌水量比露地小，中后期灌水量和次数稍多于露地。

（4）病虫防治。辣椒病害，如病毒病、炭疽病、灰叶病斑、
白粉病、疮痂病、疫病、早疫病、轮纹病等，要及时防治。

6. 及时采收

早熟品种 5 月上旬始收，中熟品种 6 月上旬始收，晚熟品种
6 月下旬始收。

### （三）干椒高产栽培技术

干椒栽培大多为夏茬，主要争取后秋椒产量。干椒品种适应
性强，耐热，抗病，栽培容易成功。

1. 品种选择

要求果实细长，色深红，果面有皱褶；株形紧凑；结果多且
部位集中，果实红熟快而一致；果内含水量小，干椒率高，辣椒
素含量丰富。

2. 培育壮苗

常用的育苗方式有阳畦育苗和拱棚育苗，在定植前 60 天左
右播种育苗。除常规技术外，还要掌握以下技术环节：

（1）覆土与间苗。种子发芽时，覆一次土帮助脱帽。苗出
齐后，进行第一次间苗，将丛生苗及双苗间成单苗。结合间苗进
行第二次覆土，防止床面裂缝。幼苗 3～4 片真叶时，第二次间
苗，6 片真叶时再间 1 次，使植株间的距离达到 4～5 厘米。

（2）浇水与追肥。播种前浇足底水，出苗后覆土保墒，苗
期可不浇水或少浇水。缺水时，宜在晴天上午浇水。接近定植
时，要控制浇水，进行蹲苗。在床土较为肥沃时，一般不追肥。
若苗子生长瘦弱，可进行根外追肥。

（3）通风。发芽出土期一般不通风。出苗后，逐渐加大通
风口，延长通风时间。进入 4 月以后，晴天中午温度高，要特别
注意通风，防止烧苗。同时，通风可使棚内湿度降低，防止徒长

和发病。

3. 定植

辣椒喜温怕冷，应于晚霜过后，当气温稳定在 15℃ 以上时开始定植。在不受冻或前茬收获的情况下，尽量早栽，延长生长期。畦栽时畦宽 100 厘米，每畦 2 行，穴距 25 厘米。垄栽时，垄距 60 厘米，穴距 30 厘米，每穴 2 ~ 3 株。定植后连浇水 2 ~ 3 次，松土保墒，促进缓苗。

4. 田间管理

（1）中耕与培土。定植成活后，浅中耕 1 ~ 2 次，破除土壤板结。进入开花结果期再中耕 1 ~ 2 次。进入结果盛期，结合中耕培土，使行间成为一条浅沟，既便于灌溉排水，防止植株倒伏。

（2）浇水。坐果前以少浇、勤浇、多中耕为宜，避免植株徒长，造成落花落果。坐果后是需水最多的时期，应适时灌水。大部分果实充分膨大达绿熟期时，停止浇水，加速成熟，提高红果率。

（3）追肥。现蕾后，重施一次肥料，每亩施复合肥 20 千克，或尿素 10 ~ 15 千克，促进分枝、开花。结果盛期，再施一次肥，促进上层果实膨大、下层果实成熟。以后，如有缺肥现象，可再追肥一次。

（4）催红。为及时拉秧腾地，可提前 10 ~ 15 天用 700 ~ 800倍 40% 乙烯利溶液喷洒植株，能使果实迅速变红，增加红果率。

5. 采收

适宜的采收期为果实完全成熟而尚未干缩变软。应根据果实的成熟情况分期采收。

# 三、茄子栽培技术

茄子按果实形状可分为圆茄、长茄和卵茄 3 种。

## （一）塑料大棚茄子栽培技术

### 1. 品种选择

以耐寒性强的中熟品种为宜。

### 2. 育苗要点

温室或温床育苗，适宜苗龄为自根苗100~110天、嫁接苗120天左右。定植前5~7天进行炼秧苗。

### 3. 定植

整平地后撒施基肥，每亩施腐熟有机肥3 000~5 000千克，再撒施硫酸钾375~450千克，施肥后深翻2~3遍。用垄或高畦栽培，垄宽55~60厘米、高15厘米，每两垄盖一幅地膜。

棚内气温稳定在10℃以上时定植。秧苗5~6片真叶时定植。定植密度依整枝方式和品种熟性而异。普通整枝法株距40米，双干整枝法株距30~33厘米。定植前一天把苗坨浇透。嫁接苗带夹子定植，接口离地面3~4厘米高。

### 4. 田间管理

缓苗期保持高温，白天28~30℃，夜间10℃以上。开花坐果期一般不浇水，明显干旱时可在开花前浇一小水。门茄普遍坐果后开始施肥，每亩施复合肥25~30千克，随后浇水。结果期生长加快，管理目标是促秧攻果，白天温度维持在25~30℃，夜间13~17℃，并经常擦洗棚膜，增加透光率。

采用普通整枝法，去除门茄以下的侧枝和上部多余的侧枝。

门茄采收后加强追肥灌水，地温达15℃以上时可加大灌水量。要防止高温为害，及时追肥灌水，一般7~8天灌一次水，每半月追1次肥。

### 5. 再生延后栽培

再生栽培的剪截时期与温室相同。剪截部位是在对茄以下两个一级分枝的上部，留下一个"Y"形老干。截后管理与温室基本相同。气温降到13℃时扣棚膜，秋季严霜来临前棚内最低气温经常在5℃时，及时采收完毕。

### （二）露地茄子栽培技术

**1. 品种选择**

宜选择耐寒性强，早期产量高，抗病、优质的早熟茄子品种，如湘早茄、油杂二号和早育茄等。

**2. 培育壮苗**

长江流域一般于 10 月下旬冷床育苗。温室或温床育苗，播种期可推迟到 12 月中下旬。

**3. 整地作畦**

选择 3 年内未种过茄科蔬菜的田土，于头年秋冬季深耕晒垡。结合整地，每亩施入腐熟农家肥 5 000 千克，磷肥 50 千克，钾肥 30 千克或草木灰 200 千克作基肥。在定植前，每亩再施入腐熟堆肥 1 500 千克，堆肥填入定植穴内，使堆肥略高于畦面，浇"压蔸水"后定植穴即可与畦面平齐。

南方多采用深沟窄畦方式，一般畦宽 1.3～2.0 米，沟深 20～30 厘米，津京地区一般做成小高畦，畦高 10～15 厘米，宽 60～65 厘米，用 90～100 厘米幅宽的地膜覆盖，栽两行。

**4. 定植**

一般晚稻过后便可定植。为争取早熟，在不致受冻害的情况下应尽量早栽。采取地膜覆盖栽培时，无论垄栽或畦栽，均需精细整土，铺膜要绷紧，四周用土压平，以防风吹而发生撕裂。定植时，把带土坨苗排放到挖好的穴内，留地 1～2 厘米高埋严，边栽边盖膜，栽后顺沟浇水，当沟内温度升到 25℃ 时，扎孔放风；当叶片触及天膜时，划十字掏苗，放天膜为地膜，进入 6 月后，撤掉地膜，向植株根部壅土，既可防倒伏，又利于排灌。

茄子根系再生能力弱，定植时应尽量带土移栽，最好采用容器育苗。要趁晴天定植，忌栽湿土，湿土移栽缓苗慢，难发新根，不易成活。

**5. 追肥**

茄子的生长期长，枝叶繁茂，需肥料较多，而且很耐肥。追肥要根据各个不同生育阶段的特点进行，约可分为 4 个阶段：第一阶段，一般在茄子定植后 4~5 天。晴天土干时，可用 20%~30% 浓度的人畜粪浇施茄苗；阴雨天可追施尿素，每亩 10~15 千克，或用 40%~50% 浓度的人畜粪点蔸。每隔 3~5 天追肥一次，一直施到茄子开花前。第二阶段是开花后至坐果前，此期以"控"为主，应适当控制肥水供应，以利开花坐果。根据植株生长情况，如果植株长势良好，可以不施肥。反之，植株长势差，可在天晴土干时用 10%~20% 浓度的人畜粪浇施一次。第三阶段，门茄坐果后至四母斗茄采收前。门茄坐稳果后，应及时浇水追肥，肥随水浇，每亩追人粪尿 500~1 000 千克，或磷酸二铵 15 千克。对茄"瞪眼"后 3~5 天，要重施 1 次粪肥或化肥，每亩施人粪尿 4 000~6 000 千克，或尿素 15~20 千克。从门茄"瞪眼"后，晴天每隔 2~3 天追施一次 30%~40% 浓度的人畜粪，也可在下雨之前埋施尿素和钾肥，尿素和钾肥按 1:1 的比例混合均匀，亩埋施尿素和钾肥共 30~40 千克，整个结果期可埋施 2~3 次。第四阶段，结果后期可进行叶面施肥，以补充根部吸肥的不足，一般喷施 0.2% 的尿素和 0.3% 的磷酸二氢钾溶液，喷施时间以晴天傍晚为宜。

6. 水分管理

茄子生长前期需水较少，而南方雨水较多，不必单独浇水，土壤较干需浇水时，一般结合追肥进行。为防止茄子落花，第一朵花开放时要控制水分，门茄"瞪眼"时表示已坐住果，要及时浇水，以促进果实生长。茄子结果期需水量增多，应根据果实的生长情况及时浇灌。

生产上利用稻草、麦秸或茅草等在高温干旱之前进行畦面覆盖，可起到减少土面水分蒸发、降低土壤温度、防止杂草滋生、肥料流失、土壤板结等多种作用。覆盖厚度以 4~5 厘米为宜，太薄起不到应有的覆盖效果，太厚不利植株的通风，容易引起病害和烂果。长江流域，梅雨季节不宜覆盖，因雨水多，覆盖物难以保持干燥，下层茄果接触后易染病腐烂。

### 7. 中耕培土

长江中下游地区春季多雨，土壤易板结，应及时中耕松土。中耕一般结合除草进行，以不伤根系和锄松土壤为准，一般进行3～4次。植株封行前进行一次大中耕，深挖10～15厘米，土培宜大，便于通气爽水。结合这次中耕，如底肥不足，可补施腐熟饼肥或复合肥埋入土中，并进行培土，防止植株倒伏。植株封行后，就不再中耕。

地膜覆盖只要保证整地、做畦和铺膜质量，膜下土表的杂草基本上不再萌生，一般不需进行中耕、除草和培土。改良地膜覆盖进入6月后要撤膜，浇肥水后培土，改栽植沟为小高垄。

### 8. 整枝摘叶

一般早熟品种多用三杈整枝，除留主技外，在主茎上第一花序下的第一和第二叶腋内抽生的两个较强大的侧枝都加以保留，连主枝共留三杈，除此外，基部的侧枝一律摘除。

控株分行以后，为了通风透光，减少落花和下部老叶对营养物质的无效消耗，促进果实着色，可将基部老叶分次摘除。如果植株生长旺盛，可适当多摘；天气干旱，茎叶生长不旺时要少摘，以免烈日晒伤果实。在植株生长中后期要把病、老、黄叶摘除，以利通风透光和减轻病虫为害。

### 9. 防止落花及畸形果

防止茄子落花，目前，常用的生长调节剂有2，4-D和防落素两种药剂。2，4-D使用浓度为0.002%～0.003%，使用方法有浸花和涂花二种。防落素使用浓度为0.004%～0.005%，可用小型喷雾器直接向花上喷洒，对茄子的枝叶无害。使用生长调节剂的最佳时期是含苞待放的花蕾期或花朵刚开放时，对未充分长大的花蕾和已凋谢的花处理效果不大。

在茄子生产中常出现畸形果，常见的有石茄、双子茄、裂茄和无光泽果等。应注意防止产生。

10. 采收

茄子以嫩果供食用。早熟栽培的早熟品种从开花至始收嫩果需 20~25 天。一般于定植后 40~50 天，即可采收商品茄上市。

茄子采收的时间以早晨最好，果实显得新鲜柔嫩，除了能提高商品性外，还有利于贮藏运输。因为早晨茄子表面的温度比气温低，果实的呼吸作用小，营养物质的消耗也少，所以量得新鲜柔嫩。采收时最好用剪刀剪下茄子，并注露不要碰伤茄子，以利于贮藏运输。

# 第八章　南方瓜菜类蔬菜栽培技术

## 一、黄瓜栽培技术

一般将黄瓜分为早熟品种、中熟品种和晚熟品种。早熟品种适合露地早熟栽培及设施栽培，中熟品种多用于露地栽培，晚熟品种主要用于露地及塑料大棚越夏高产栽培。

### （一）塑料大棚黄瓜栽培技术

1. 品种选择

选用早熟、丰产、优质、抗病性强、商品性好的品种。

2. 播种育苗

（1）适期早播。冬暖型塑料大棚可根据前茬倒茬情况在 12 月中旬至 12 月下旬播种；单坡面大棚可根据覆盖层次不同于 1 月上旬至 1 月下旬播种；拱圆形大棚可根据覆盖层次不同于 1 月下旬至 2 月上旬播种。

（2）嫁接育苗。大棚春黄瓜适宜的苗龄为 45～50 天，苗高 15～20 厘米，茎粗壮（直径达 0.6 厘米以上），节间短，4～5 叶 1 心，叶片大而肥厚，色深绿。

（3）苗期管理。整个苗期以防寒保暖为主，白天多见阳光，夜间加强小环棚覆盖，白天 20～25℃，夜间 13～15℃。苗期以控水为主，追肥以叶面肥为粗宜，应在晴天中午进行，并掌握低浓度。定植前 7 天逐渐降低苗床温度，白天 15℃，夜间 10℃。

3. 定植

（1）整地作畦。选择 3 年以上未种过瓜类作物，地势高爽，排灌两便的大棚。定植前 5～7 天施基肥，亩施优质圈肥 5 000～

7 500千克，过磷酸钙50千克，硫酸钾50千克，施肥后整地、深翻、砸细、耙平、作畦，畦宽1.3米。

（2）适期定植。冬暖型塑料大棚争取1月底前倒茬定植；单坡面及拱圆棚则根据覆盖层次不同，在大棚内10厘米地温达到12℃，棚内最低气温达到10℃，且能稳定5~7天时抓紧定植。一般单坡面棚在实行多层覆盖的条件下，可于2月中旬至2月下旬定植，拱圆形大棚在多层覆盖条件下，可于3月上旬至3月中旬定植。

4. 田间管理

（1）缓苗期。大棚春黄瓜定植缓苗前，温度要求白天28~30℃，夜间不低于15℃，需保持较高地温，以利扎根缓苗。定植5~7天内，一般不通风，5~7天后，可于中午前后对小拱棚进行通风，初时通风宜小，大棚不必同时通风。

（2）结瓜前期。管理重点是进一步促根、壮根；适当控制茎叶生长，保持植株一定的长势，使植株由营养生长向开花结果的生殖生长过渡。

温湿度管理：植株缓苗后，温度白天控制在22~26℃，夜间10~12℃。至新叶长出时，适当提高温度，白天24~28℃，夜间13~15℃。最低不低于10℃，适宜的地温为25℃左右。白天空气相对湿度保持在50%~60%，夜间85%~90%。大棚春黄瓜一般定植30天左右即采瓜。单坡面棚可于3月上、中旬开始吊蔓，拱圆形大棚到4月上旬末到4月中旬吊蔓。

水肥管理：出现旱情时，可选晴天上午，将畦埂边的地膜拉至植株基部，顺沟浇1次小水，水渗后将膜复位。浇水前1天喷一次百菌清或甲霜灵进行防病。大棚春黄瓜于根瓜采收时进行一次大追肥。一般亩施磷酸二铵20千克，吊蔓前保持畦埂边的地膜揭起，用锹沿畦内高垄下部开10厘米深的沟，将肥料均匀施入沟内，并与沟内土壤混匀，然后封沟，顺沟浇一次大水，待水下渗后拉回地膜盖好。植株开始坐第二和第三个瓜时适当采收根瓜，防止坠秧，促进秧蔓生长和上部坐瓜。

（3）结瓜盛期和后期。此期时间长，温度变化较大，白天温度控制在 25～30℃，最高不超过 35℃，夜间为 15～18℃，结瓜盛期，要增加追肥数量，隔一次水，追一次肥，盛瓜初期每亩可用腐熟的人粪尿 500 千克；盛瓜后期追施氮素化肥，每亩每次 10～15 千克。此期需水量大，隔 4～5 天浇一次水。盛瓜初期以晴天上午浇水为宜；盛瓜后期，可于下午或傍晚浇水，夜间加强通风，此期还需进行二氧化碳施肥。

5. 采收

大棚黄瓜需及时采收，前期要适当带小采收，尤其是根瓜应及早采收，以免影响蔓和后续瓜的生长。一般采收前期每瓜 100～150 克，每隔 3～4 天采收一次，中期 150～200 克，每隔 1～2 天采收一次，后期根据市场需求可适当留大。

**（二）夏秋露地黄瓜栽培技术**

1. 品种选择

夏秋黄瓜宜选用耐热、抗病的品种。夏黄瓜可选用清凉夏季、津杂 2 号等，秋黄瓜可选用津研黄瓜如津研 4 号、津研 5 号、津研 7 号等。

2. 播种时期

夏黄瓜一般在 6 月中旬至 6 月下旬分批播种，秋黄瓜一般在 7 月上旬播种。黄瓜分批播种，一直可播到 8 月，若大棚黄瓜一直可播到 8 月下旬至 9 月初。夏秋黄瓜可直播、也可采用育苗移栽。育苗一般采用穴盘快速育苗。

3. 穴盘育苗

（1）装盘浇水。采用 50 穴或 72 穴育苗盘进行消毒后，将营养土或营养基质充填于育苗盘内，进行压实，使营养土或营养基质面略低于盘口。将已充填基质的育苗盘搁置于"搁盘架"上，在播种前 4 小时左右浇足水分（以盘底滴水孔渗水为宜）。

（2）播种。采用人工点播或机械播种，每穴 1 粒种子，播种深度为 2~3 毫米。用基质把播种后留下的小孔盖平，补足水分（以盘底滴水孔渗水为宜）。

（3）苗期管理。播种后 2 天左右，出苗达到 30%~35% 时应及时揭去遮阳网，在光照较强的中午应在小拱棚上覆盖遮阳网，以利降温。根据秧苗生长情况及时补充水分，高温季节要求傍晚或清晨进行均匀喷雾（以盘底滴水孔渗水为宜）。

出苗前，棚内温度控制在 28~30℃；出苗后，温度调控在 25℃左右。在温度允许的情况下，应尽可能增加秧苗的光照时间，促使秧苗苗壮生长。

4. 整地作畦

选择 3 年以上未种过瓜类作物，地势高爽，排灌两便的大棚。每亩施有机肥 2 000 千克、25% 蔬菜专用复合肥 30 千克，撒施均匀后进行旋耕，作畦同春季大棚栽培。

5. 定植

穴盘育苗移栽的，应进行小苗移栽，在两片子叶平展后即可定植。定植应在傍晚进行，每畦种两行，株距 35 厘米，每亩 2 000~2 200株。定植后随浇搭根水，第二天进行复水。定植后应遮阳网覆盖。

6. 田间管理

夏秋黄瓜蒸腾作用旺盛，需大量水分，因此必须加强肥水管理。必要时进行沟灌，夜间沟灌后要及时排去积水。黄瓜生长至 20 厘米左右时应及时搭架栽培或吊蔓栽培，及时引蔓、绑蔓和整枝，生长中后期要及时摘除中下部病叶、老叶。采收阶段要追肥，采用"少吃多餐"方法，即追肥次数可以多一些，但浓度再淡一些，每次施肥量少一些，有利黄瓜吸收。同时要加强清沟、理沟，及时做好开沟排水和除草工作。

7. 采收

夏秋黄瓜从播种至开始采收，时间短。夏黄瓜结果期正处于高温季节，果实生长快，容易老，要及早采收。秋黄瓜、秋延后大棚黄瓜，到后期秋凉时果实生长转慢，要根据果实生长及市场状况适时采收。

# 二、苦瓜栽培技术

## （一）栽培季节与茬次安排

苦瓜多采用露地栽培，栽培季节依不同地区气候而定。华南、西南地区，春、夏、秋三季均可播种，除冬季外，可周年供应。有条件的可进行设施栽培，3月下旬或4月上旬在大棚温室内定植，利用地膜覆盖和小拱棚，可提早于5月上市。

## （二）塑料大棚冬春茬栽培技术

### 1. 品种选择

塑料大棚冬春茬苦瓜的播种至坐果初期处于低温弱光季节，因此，在品种选择上宜选用前期耐低温性较强的早熟品种，如秀华、翠秀、月华等一代杂种，或地方优良品种如广西1号大肉苦瓜、广西2号大肉苦瓜、大顶苦瓜、成都大白苦瓜和蓝山大白苦瓜等。

### 2. 育苗

冬春茬苦瓜利用保温性能较好的日光温室，可于9~10月播种育苗。苦瓜种皮较厚，播前需在常温下浸种12小时，捞出后捏破种嘴，置于33℃条件下催芽。将出芽后的种子直接播于营养钵内进行护根育苗。为了预防苦瓜与其他瓜类蔬菜重茬而发生枯萎病、蔓枯病，也可采用嫁接育苗。嫁接砧木可选择黑籽南瓜或台湾农友公司育成的"壮士"、"共荣"等砧用南瓜良种。苗龄40天左右，幼苗具4~5片真叶时即可定植。

### 3. 整地定植

冬春茬栽培的定植期在10月中下旬至11月上旬。定植前将塑料大棚的塑料薄膜扣好，夜间加盖草苫。苦瓜生长期长，结瓜多，需肥量大，定植前应施足底肥。通常每亩施入优质农家肥

5 000千克。配合施用过磷酸钙 25 千克，硫酸钾 10 千克，深翻耙平。大棚冬春茬苦瓜可采用宽行棚架栽培或窄行竖架栽培。宽行棚架栽培大行距 2.5 米，小行距 50 厘米，株距 40 厘米，每亩栽苗 1 000株左右，苦瓜植株在开花结果前生长缓慢，为有效利用土地，前期可在宽行间做平畦，套种莴苣、甘蓝等速生蔬菜。窄行竖架栽培可采用 80 厘米和 70 厘米的大小行栽培，株距 40厘米，每亩栽苗 2 000株。按照不同的栽培方式整地起垄。

选晴暖天气定植。定植方法可参照冬春茬黄瓜，应注意苦瓜苗不能栽得过深，以防造成沤根。定植后覆地膜。

4. 定植后的管理

（1）温光调节。苦瓜属耐热蔬菜，冬春茬栽培的关键是温度管理。定植初期，白天及时通风，防止温度过高造成植株徒长，降低抗寒能力。12 月初至翌年 1 月，是大棚内温光条件最差的时期，应采取一切措施增温补光。要求日温保持 25℃，夜温 15℃左右，最低温度不能低于 12℃。2 月以后，外界气温逐渐升高，白天应注意通风，防止温度过高。一般达到 33℃放风，日温控制在 30℃左右，夜温控制在 15～20℃。当外界温度稳定在 15℃以上时，可去掉塑料薄膜和草苫，转入露地栽培。

（2）水肥管理。浇过定植水和缓苗水后，结瓜前可不再浇水。进入开花结果期后开始追肥灌水。结果初期，大棚内温光条件较好，7～10 天浇一次水，隔一水追一次肥，每次每亩追施三元复合肥 15 千克。进入 12 月以后，大棚内温光条件较差，应尽量减少浇水。以后随着外温的升高，植株生长旺盛，可逐渐增加浇水次数，每 15～20 天追一次肥，每次每亩施复合肥 20 千克。

（3）植株调整。利用宽行棚架栽培时，在宽行间用铁丝或细竹竿搭一个朝南倾斜的水平棚架，根据大棚条件，架高 2.0～2.5 米，利用吊绳引蔓上架。温室北端的植株主蔓 1.5 米以下的侧蔓全部去除，温室南端的植株主蔓 0.6 米以下侧蔓全部去掉。其上留 2～3 个健壮的侧蔓与主蔓一起上架。以后再发生的侧蔓，如有瓜即在瓜前留 2 片叶摘心，无瓜则去除。

利用窄行竖架栽培时，每株仅保留 1 条主蔓，引蔓上架，只用主蔓结瓜，其余侧枝全部去掉。随着苦瓜的采收和茎蔓的生长，去掉下部的老叶，把老蔓落在地膜上。生长中期，侧蔓有瓜时，可留侧蔓结瓜，并在瓜前留 2 片叶摘心。缠蔓的同时要掐去卷须，同时，注意调整蔓的位置和走向，及时剪除细弱或过密的衰老枝蔓，尽量减少互相遮阴。

苦瓜设施栽培，需人工辅助授粉才能提高坐果率。授粉方法可参照西瓜人工授粉。

5. 及时采收

苦瓜以嫩果供食，一般花后 12～15 天即可采收。采收的标准为果实上的条状或瘤状突起比较饱满，瘤沟变浅，尖端变平滑，皮色由暗绿变为鲜绿并有光泽。采收后的苦瓜如不及时销售，应置于低温下保存，否则易后熟变黄开裂，失去食用价值。

# 第九章　南方豆菜类蔬菜栽培技术

## 一、豇豆栽培技术

### （一）露地豇豆栽培技术

#### 1. 品种选择

选用耐寒性较强、对日照要求不严格、早熟、优质、丰产、分枝能力强、适于密植的蔓生品种。

#### 2. 整地做畦

一般每亩施腐熟的堆肥 3 500～4 500 千克，过磷酸钙 60～80 千克，硫酸钾 30～40 千克或草木灰 120～150 千克。基肥施用方法应与深耕整地结合深耕前施入迟效肥料，翻至土壤下层。整地做畦时表土再施入速效肥料。

#### 3. 直播播种

露地豇豆播种宜在 10 厘米土温稳定在 10～12℃ 时进行。播种前精选种子，并晒种 1～2 天。一般采用干籽直播。每畦播 2 行，行距 50～65 厘米，穴距 20～25 厘米。每穴播种 4～5 粒，覆土 2～3 厘米。每亩用种量 2～2.5 千克。

#### 4. 田间管理

（1）中耕松土。直播苗出齐或定植缓苗后宜每隔 7～10 天进行一次中耕松土，中耕不宜太深，以免伤根。植株封垄和甩蔓后不宜中耕。最后一次中耕时注意向根际培土。

（2）查苗补苗。当直播苗第一对基生真叶出现后或定植缓苗后应到田间逐畦查苗补棵，结合间苗，一般每穴留 3 株健苗。

（3）插架引蔓。植株甩蔓后插支架，每穴一竹竿，交互搭成"人"字形，架高 2 米以上。植株蔓长至 30 厘米以上时，及时引蔓上架，使蔓叶均匀颁布在架上，避免株间蔓叶互相缠绕、重叠。

（4）整枝打顶。主蔓第一花序以下的侧芽可全部抹除。主蔓中上部各叶腋中若花芽旁混生有叶芽时，要及时将叶芽抽生的侧枝打去；若无花芽只有叶芽萌发时，则只留 1～2 个也要摘心。主蔓长到 2～3 米时要及时打顶摘心，控制营养生长，促进花芽形成，提高产量。

（5）肥水管理。直播苗出齐后或定植缓苗后可视土壤墒情浇一次水。团棵后、插架前浇一次水，有利于促进生长和方便插架。结合这次浇水可在行间沟施有机肥或追施尿素（每亩 10 千克左右）。

现蕾时，若天旱可再浇一次小水。当第一花序坐住荚，第一花序以后几节的花序显现时浇一次大水；到植株中下部豆荚生长、中上部的花序开放时再浇一次大水。以后一般每隔 5～7 天浇一次水，经常保持土壤半干半湿。

植株进入开花结荚期后浇水时结合施肥，此期要肥水充足，每次每亩追施硫酸铵 15 千克或尿素 10 千克、硫酸钾 5 千克，一次清水、一次肥水交替施用。若基中磷肥不足，可追施过磷酸钙、每次 5 千克，或用三元复合肥、每次 5～8 千克。7 月以后雨量增加，应注意排除田间积水。

豇豆在第一次产量高峰后会出现"休歇"现象。这一时期应加强肥水管理，每隔 15 天左右追施一次粪水或化肥，促使植株恢复生长和潜伏花芽开花，使之形成第二次产量高峰。

5. 采收

播种后 60～70 天、嫩豆荚已发育饱满、种子刚刚显露时采收。豇豆每花序有 2 个以上花芽，起初开 2 朵花、结 2 条荚果，以后的花芽还可以开花结荚，因此，采收时不能损伤剩下的花芽，更不能连花序一起摘下。一般情况下每隔 3～5 天采收一次，在结荚高峰期可隔 1 天采收一次。

### （二）小拱棚加地膜覆盖豇豆栽培技术

小拱棚加地膜覆盖栽培可促进豇豆根系发达，节省人工，防止旱涝灾害，并提早开花，产量能比露地栽培增加 40%～50%。

1. 品种选择

生产上宜选择早熟、耐低温、高产、抗病，适于密植的品种，如之豇 28-2 等。

2. 整地做畦

结合耕翻整地，每亩施入腐熟农家肥 1 500～2 000 千克，草木灰 50～100 千克。整平耙细，然后做小高畦。畦南北向延长，畦高 10～15 厘米、宽 75 厘米，畦沟宽 40 厘米。做畦后立即在畦上覆盖地膜。地膜宜在定植前 15 天左右铺好，以利于增温保墒。

3. 育苗

豇豆小拱棚加地膜覆盖栽培的适宜苗龄为 20～25 天，苗高 20 厘米左右，开展度 25 厘米，茎粗 0.3 厘米以上，真叶 3～4 片，根系发达，无病虫害。

4. 定植

豇豆定植的适宜温度指标为棚内 10 厘米深处地温稳定通过 15℃，棚内气温稳定在 12℃以上。定植时先揭去小拱棚膜，在小高畦上按行株距即 60 厘米×15 厘米或 60 厘米×20 厘米挖穴，将秧苗放入穴内，然后浇水，水渗下去后覆土封严定植穴。每畦定植结束后即行扣棚。

5. 田间管理

（1）温度管理。定植后 3～5 天内不通风，棚外加盖草苫，闷棚升温，促进缓苗。随后逐渐揭去棚上的草苫，并开始通风降温。棚内气温白天保持 25～30℃，夜间不低于 15～20℃。当外界气温稳定通过 20℃时，拆除小拱棚。

（2）肥水管理。定植缓苗后视土壤墒情浇一次小水，此后控水蹲苗。现蕾时浇一次水，随水每亩追施硫酸铵 20 千克、过磷酸钙 30～50 千克。以后每隔 10～15 天浇水一次，掌握浇荚不浇花的原则。从开花后每隔 10～15 天叶面喷施一次 0.2% 磷酸二氢钾溶液。为了促进早熟丰产，还可根外喷施 0.01%～0.03% 钼酸铵和硫酸铜溶液。

（3）植株调整。豇豆植株长到 30～35 厘米高时及时插架（一般为"人"字架），让豆蔓上架生长。为促进早熟，主蔓第一花序以下萌生的侧蔓一律打掉，第一花序以上各节萌生的叶芽留 1 片叶打头。主蔓爬满架后及时打顶，促进各花序上的副花芽以及各侧蔓上的花芽发育、开花、结荚。

**（三）塑料大棚豇豆栽培技术**

豇豆是豆类中适应性最强的蔬菜，在大棚中可栽培的季节很长，即可作"春提前"和"秋延后"栽培。

1. 春提前栽培技术

（1）品种选择。早春大棚豇豆栽培宜选用早熟、丰产、耐寒、抗病力强、品质优良、植株生长势中等、适于密植的品种。

（2）播种育苗。播种或定植前 15～20 天扣棚暖地。结合整地每亩施腐熟有机肥 4 000～5 000 千克，过磷酸钙 80～100 千克，硫酸钾 40～50 千克或草木灰 120～150 千克作基肥。多采用育苗移栽，育苗方法同露地早熟栽培，育苗苗龄一般为 25～30 天。当棚内 10 厘米深处地温稳定在 10～12℃、夜间气温高于 5℃ 时即可定植，定植密度同露地栽培。

（3）田间管理。定植后 4～5 天内密闭大棚不进行通风换气，棚温维持在 30℃ 左右，以利于缓苗。缓苗后要开始通风，使棚温降至 25～30℃。进入开花结荚期后逐渐加大通风量和延长通风时间，防止茎叶徒长或授粉不良而招致落花落荚。进入 6 月上旬，可将棚膜完全卷起来或将棚膜取下来，使棚内豇豆呈露地状况。大棚内肥水管理、整枝等技术措施基本与露地栽培相同，但大棚栽培浇水比露地要少，追肥次数和数量则比露地要多一些。

2. 秋延后栽培技术

大棚豇豆秋延后栽培所处的气候条件，是苗期高温多雨，开花结荚期温度逐渐下降，与春早熟栽培恰恰相反。在栽培管理上主要应掌握以下几点。

（1）品种选择。生产上宜选用耐高温、抗病、丰产、耐贮运、适应性广的品种。

（2）播种育苗。做畦方式及播种密度同露地栽培。也可采用育苗移栽，先于8月上中旬在温室、塑料棚内或露地搭遮阳棚播种育苗，苗龄15～20天。8月下旬至9月下旬定植。由于秋延后栽培生长期较短，可比春提前栽培适当缩小穴距（一般为15～20厘米），以增加株数和提高产量。

（3）肥水管理。大棚秋豇豆出苗后或定植缓苗后气温仍较高，蒸发量大，消耗水分多，在适当浇水降温保湿。并且注意中耕松土保墒，蹲苗促根。幼苗第一对真叶展开后随水追肥1次（每亩施尿素10～15千克），促使植株加速生长发育，提早开花结荚。开花初期适当控水，进入结荚期加强肥水管理。每隔10天左右浇一次水，每浇2次水追肥一次，每亩冲施稀粪500千克或施尿素20～25千克。10月上旬以后，植株生长势减弱，外界气温也逐渐降低，应减少浇水次数，以防棚内湿度过大。同时停止追肥。

（4）植株调整。大棚豇豆秋延后栽培整枝方式基本同春提前栽培，但主蔓摘心的暑期比春提前栽培要早一些，一般在蔓长2米时摘心。因为后期开放的花即使能结荚，也会由于生长的环境条件不适宜而达不到商品成熟。早摘心，可去掉一部分花序，减少养分的消耗。

（5）通风。当棚内最低温度降到15℃时，基本上不再通风。必要时夜间可在大棚下部的四周围上草帘保温防冻，促进嫩荚迅速膨大。当外界气温过低时，棚内豇豆不能继续生长结荚，要及时将嫩荚收完，以防冻害。

# 二、蚕豆栽培技术

蚕豆又称胡豆、罗汉豆等。我国蚕豆的种植面积居世界第一位，其中又以西南、华中及华东各省栽培较多，云南省的栽培面积最大。除供国内销售外，还出口东南亚及日本等国。其品质深受好评。

## （一）品种选择

蚕豆根据种皮颜色可分为白皮种、青皮种、红皮种和绿皮种。根据生育期长短还可分为早熟种、中熟种和晚熟种。

## （二）栽培季节和茬口安排

蚕豆的栽培，可分为春播和秋播两类地区。南方地区一般都是秋播。其播种期因各地的气候、耕作制度和品种的不同而异，但大都集中在10月。长江下游一带以10月中旬为宜，一般不应迟于10月下旬。华南沿海地区以11月中旬播种为宜，迟的可推至11月下旬。西南地区的云南一般在10月上中旬播种，贵州省、四川省等地在10月下旬播种。

蚕豆和豌豆一样忌连作，一般需要轮作3年以上。南方地区蚕豆多与水稻或玉米、甘薯、棉花等轮作，1年两熟或三熟。另外，蚕豆还可与其他作物实行合理间套作和混播，可提高土地利用率，增加产量与产值。如四川省在麦田、油菜田、菜地、果园、桑园中间作，与玉米、棉花等套作，或与绿肥作物混种，江浙一带多采用蚕豆与棉花、小麦、苜蓿等间套作或在晚割前套种蚕豆。

## （三）播种

蚕豆主根粗壮，入土深，播种前要创造比较疏松、湿润的土壤环境。因此，整地非常重要。根据各地的不同情况，一种是耕翻整地，如四川省、湖北省、湖南省、江苏省和浙江省等冬春降水量较多、湿度较大、土壤比较疏松的地区。一是不耕翻整地，此方法在云南省、贵州省等地采用较多。因为这些地区冬、春气候干燥少雨。在头年11月至翌年4月为旱季。二是一般每亩施20～25千克过磷酸钙和适量草木灰作基肥。

播种前选择粒大饱满、成熟好的种子，淘汰混杂种、劣种。在适宜的播种季节内以早播为好。播种方式有打穴点播和开行噗播两种。播种深度以6厘米左右为宜。因此，适当浅播与深播相比，有效分枝可增加15%左右。播种时，蚕豆以分散等距离为好，避免出苗时相互拥挤，有利于地下根系分布均匀。另外，蚕豆也可以采取浸种催芽播种的办法，能提早3～5天出苗。

蚕豆是分枝作物，单位面积产量是由单位面积的有效分枝数、每枝荚数、每荚粒数和粒重构成。因此，合理密植对提高产量尤为重要。但过分密植也易造成郁闭，光照不足，对生长发育影响很大。一般大粒种每亩播3 500～5 000穴，每亩基本苗1万～1.5万株；小粒种每亩播8 000～10 000穴，基本苗2.4万株左右比较适宜。

### （四）肥水管理

蚕豆是需肥较多的作物，增施磷、钾肥有明显的增产效果。苗期要早施肥，以促进根瘤迅速形成，发育良好。一般主茎第一张复叶平展就可追肥，每亩施用三元复合肥4千克左右。在早春要施春肥，在立春后应追肥，每亩用三元复合肥4～5千克。到花荚期，蚕豆开花结荚需要消耗大量的养分，在初花期时即应追肥，每亩用人粪尿500千克和尿素等化肥7～8千克，另外，在开花结荚期还可根外追施钼、硼肥，可以增产10%左右，一般使用0.05%浓度，在始花期、盛花期各喷1次效果最好。

南方地区应根据当地的气候条件注意适时浇水和排水。长江中下游地区、贵州省、华南等地，要及时排水，开沟深30厘米以上。对于云南省等干旱地区（蚕豆栽培季节），要适时浇水。出苗期一般不浇水，适当蹲苗结合中耕培土。只有在特别干旱时才适当浇水。进入花荚期后要注意土壤墒情，及时补充水分，使土壤持水量保持在 25% ~ 30% 为宜。保持田间湿润，地干即浇水。在鼓粒时，注意补充鼓粒水，否则会造成早枯催熟，百粒重下降。

**（五）植株调整**

**1. 打主茎**

又称为打豆母枝、摘心等。苗期打主茎后体内养分向侧枝转移，促进分枝早发，茎枝粗壮，不徒长。同时还可以推迟开花期 6 ~ 7 天，减轻霜冻为害。长江中下游地区一般在 2 月上中旬与剪除冻害枝、弱枝等同时进行。湖南等地也有在 12 月进行的。云南等冬前蚕豆生长快，一般在 11 月有 4 ~ 5 片复叶时打主茎较为适宜。打主茎最好在晴天露水干后进行，以免雨水浸入茎秆引起腐烂。打去的顶尖不宜过多，要留 3 ~ 4 片复叶，以便尽量多保存叶片进行光合作用。

**2. 打无效枝和弱枝**

在蚕豆生育期需剔除无效枝和弱枝 2 ~ 3 次，一般剔除第三分枝以后的分枝。当然，打无效枝和弱枝还要根据田间群体具体生长的情况而定。一般在播种较密、生长茂盛的情况下，其增产效果好。相反，播种较稀、群体不大的情况下，增产效果较小，甚至不增产。

**3. 打顶**

打顶有的地方也叫打尖、摘心。一般是在蚕豆开花结荚后期将茎枝顶心摘除。一般情况下，当日平均气温高于 15 ~ 17℃、早播的蚕豆出现 6 ~ 7 片复叶、晚播的蚕豆出现 5 ~ 6 片复叶时会出现无效花簇，以此时打顶为宜。长江中下游地区一般应在 4 月中下旬进行打顶。湖南省等地一般在开花末期或大部分植株茎部已结荚时进行。云南等地区多在开花末期至成熟收割前 20 天左右打顶。

### （六）采收

蚕豆种子的成熟过程可分为绿熟期、黄熟前期、黄熟后期和完熟期 4 个阶段。绿熟期时，植株茎秆、荚和种子都呈鲜绿色，种子体积基本上长足，已达到最大体积，含水量很高，容易用手指挤破作为蔬菜信用的蚕豆荚即以此时收获为宜。

# 第十章　南方叶菜类蔬菜栽培技术

## 一、结球甘蓝栽培技术

结球甘蓝，简称甘蓝，别名洋白菜、卷心菜、包心菜等。依叶球形状和颜色可分为尖头、圆头和平头等类型，依成熟期可分为早熟品种、中熟品种和晚熟品种。

### （一）春甘蓝栽培技术

1. 品种选择

春甘蓝一般选用尖头（鸡心、牛心等品种）、圆头（中甘、8398 等）等中熟、早熟品种。

2. 播种育苗

（1）播种。一般 1 月底至 2 月改良阳畦育苗。播种前 1 天苗床浇足水分，选择饱满的当年种子进行撒播，要求撒播均匀。播种后在种子上面撒上一层盖子泥，盖没种子即可，厚度约为 0.5 毫米。每亩秧地播种子 750 克，可种大田 20 亩左右。

（2）苗期管理。齐苗后进行间苗，一般间苗 1~2 次，苗期保持土壤湿润，视苗生长情况适当追一次氮肥，每亩施尿素 2.5 千克。

（3）炼苗和囤苗。为使幼苗迅速适应定植后的环境条件，缩短缓苗时间，在定植前 10~15 天白天要加强通风，夜间要逐渐减少覆盖，降温降湿，提高幼苗抗逆性。定植前 4~5 天，如无霜冻，夜间可以完全揭除苗床覆盖物。定植前 3~7 天起苗囤苗，控制幼苗生长。适度炼苗和囤苗是培育壮苗的重要环节。

3. 整地施肥

前茬出地后，每亩施氮、磷、钾蔬菜专用肥 75 千克或有机肥 2 000 ~ 2 500 千克作基肥。翻耕 15 厘米左右，做成宽约 2 厘米（连沟）的畦，开好深沟和腰沟。

4. 定植

春季定植以日均温度达 6℃ 以上，秧苗具有 5 ~ 6 片叶时为宜。地膜覆盖栽培的可提前一周左右。定植时应做到带土、带肥、带药移栽，定植后及时浇搭根水。

尖头类型的行株距为 40 厘米见方，每亩栽 3 000 ~ 3 500 株。平头类型的行株距为 40 厘米 × 45 厘米，每亩栽 2 500 株左右。

5. 田间管理

（1）追肥。尖头类型的春甘蓝第一次在定植活棵后 7 天，每亩施尿素 10 千克左右。当植株开始包心时要施一次重肥，一般每亩施尿素 15 千克左右。平头类型春甘蓝定植活棵以后也要追肥 2 ~ 3 次，追肥浓度、数量可比尖头类型酌量增加。

（2）水分管理。结球甘蓝的需水量比较大，生长期间保持土壤湿润。下雨时及时清理疏通沟道，保证田间不积水。

（3）中耕除草。春甘蓝从定植到植株封垄，一般松土 2 ~ 3 次，松土时结合除草，以后视田间杂草生长情况再除草 1 ~ 次。

6. 采收

春甘蓝一般在叶球长至 400 ~ 500 克即可采收上市。

**（二）秋冬甘蓝栽培技术**

1. 品种选择

秋冬甘蓝在年内收获的，一般选用平头类型晚熟品种。

2. 播种育苗

秋冬甘蓝采用遮阳育苗或半保护地育苗，一般从 6 月下旬至 7 月下旬分批播种。越冬推迟采收的播种期一般在 7 月下旬至 8 月中旬。

播种后采用遮阳网覆盖，保持土壤湿度，并要防止大雨冲刷后土壤板结。出苗后揭去遮阳网，及时改搭环棚。

出苗后 15 天左右，当幼苗具 3 ~ 4 片真叶时，要进行移苗（又称假植），苗距 10 厘米见方。移苗 3 ~ 4 天活棵后，可追肥一次。

### 3. 整地做畦

秋甘蓝的整地与春甘蓝相同。

### 4. 定植

秋冬甘蓝苗期 35 ~ 45 天。因此，6 月下旬至 7 月下旬播种的，定植期一般在 8 月初至 9 月上旬。越冬推迟甘蓝的定植期一般在 9 月下旬至 10 月上旬，最迟不超过 10 月 15 日。

秋甘蓝定植时气温仍高，最好选择阴天进行。秧苗要带土，减少根系损伤，定植后立即浇搭根水，保使活棵。定植密度每亩约 2 000 ~ 2 500 株。

### 5. 田间管理

定植后加强肥水管理，促使甘蓝包心。一般追肥 3 ~ 4 次，每次每亩施尿素 5 ~ 15 千克。越冬甘蓝越冬前包心不宜过紧。因此，第二次、第三次追肥数量不宜过多。待 11 月下旬再追施重肥，以利推迟采收。秋冬甘蓝的其他田间管理，可参见夏甘蓝。

### 6. 采收

秋冬甘蓝一般从 10 月中下旬开始，一直可采收到第二年 1 ~ 2 月。

# 二、蕹菜栽培技术

蕹菜按能否结籽可分为籽蕹与藤蕹。蕹菜也有按叶形分为大叶和小叶两个类型，大叶蕹菜又叫小蕹菜或旱蕹菜，用种子繁殖；小叶蕹菜又叫大蕹菜或水蕹菜，多用茎蔓繁殖。按种植方式即对水的适应性可分为旱蕹和水蕹。

（一）蕹菜播种、育苗与定植技术

1. 栽培季节

蕹菜采用种子繁殖的，一般于春暖开始播种，长江中下游各地春暖较迟，一般于4月开始播种。如果用保温苗床，可以提早到3月。露地可于4月初至8月底栽培，行直播或育苗移栽，分期播种，分批采收。也可以一次播种，多次割收。四川省气候温暖，一般于3月下旬播种；广州市早熟品种2~3月为播种适期。早熟品种采用薄膜覆盖，可在春节收获。

采用无性繁殖的，四川省于2月在温床催芽，3月在露地育苗，4月下旬定植于露地。湖南省于4月下旬进行扦插繁殖。广西壮族自治区于3月下旬进行扦插繁殖，6~7月植株衰老时，再扦插一次。广东省是用宿根长出的新侧芽于3月定植露地。

2. 播种及育苗

（1）种子繁殖。早春播种蕹菜，由于气温较低，出芽缓慢，如遇低温多寸天气，容易烂种。可于播前先行浸种催芽，并用塑料薄膜覆盖育苗，不仅可解决烂种问题，还可提早上市。直播每亩播种量10千克，于早春撒播；育苗并间拔上市的，播种量在20千克以上。早春用撒播法，由于蕹菜种子比较大，播后用钉耙松土覆盖，或用浑厚的腐熟粪肥覆盖，有利于出苗。当苗高3厘米左右，经常保持土壤湿润状态和有充足的养分；苗高约20厘米，开始间拔上市，或定植，培育1亩的秧苗可供15~19.5亩定植之用。以后分期播种，由于间拔次数减少，可以减少播种量，有些地区也用点播或条播。

（2）扦插繁殖。有直接扦插或利用上一年宿根分枝繁殖。四川用育苗法繁殖，即将上一年窖藏的藤蔓，先在25℃左右的温床催芽，待苗高10~16厘米时，扦插于背风向阳、泥脚浅的水田里，以进一步扩大繁殖系数，然后再扦插于本田。湖北于3月中旬用越冬温棚内贮藏的越冬藤蔓萌发生长，追施腐熟人粪尿1次，以后每7~10天追施一次，连施2~3次，4月上旬用

0.2%尿素溶液追施，以后敞棚通风，当新茎蔓长至15~20厘米时压蔓，长至30~40厘米以上时，选择生长健壮充实、未受病虫为害的做种苗。定植晚的大田，也可以在进入采收期的本田，直接截取茎蔓做种苗。湖南省是将头年的藤蔓直接平植于本田沟内，待发出幼苗长达30厘米以上时进行压蔓，以便再生新梗，促发新芽，以后经常压蔓，直到布满全田，分期采收上市。广东省是用头年的宿根长出的新侧芽定植于旱地繁殖。

　　3. 定植方式

　　蕹菜有旱地、水田和浮水栽培3种方式。

　　（1）旱地栽培。应选择肥沃、水源充足的壤土地块，用种子直播或育苗定植，结合整地施足基肥，每亩施腐熟有机肥5 000千克，翻耙平整后做畦。如果定植，可在苗高16~20厘米时，按16厘米左右的行株距定植，或行株距为16厘米×14厘米，每穴3~4株。定植缓苗后，需及时浇水追肥，经常保持土壤湿润。

　　（2）水田栽培。宜选择向阳、地势平坦、肥沃、水源方便、泥脚浅的保水田块，清除杂草，耕翻耙匀，保持活土层20~25厘米，施足基肥。每亩施农家肥3 000千克，或大豆饼90千克，或棉籽饼180千克，或菜籽饼130千克。灌水3~5厘米深。按行穴距25厘米定植，每穴1~2株。如扦插，待苗长约20厘米时斜插入土2~3节，以利于生根。

　　（3）浮水栽培。即深水栽培。应选择含有机质丰富、水位稳定、泥层厚、水质肥沃的池塘或浅水湖面或水沟、河滨处，清除杂草（尤其要捞尽浮萍，空心草等），施肥与水田栽培相同，保持水深30~100厘米，用直径0.5厘米尼龙绳作为固定材料，以塑料绳绑扎实，绑扎间距30厘米，每处1~2株。尼龙绳两端插桩固定，行距50厘米。也用塑料泡沫、稻草绳、棕绳等作固定材料。如果水面不大、且流动性小时，可不固定，直接抛置等量秧苗于水面即可。定植期为5月上旬至7月底。

## （二）蕹菜田间管理技术

### 1. 田间管理

（1）施肥。蕹菜施肥应以氮肥为主，薄施勤施。于定植成活并长出新叶后，追施 20%～30% 腐熟人粪尿或 0.1%～0.2% 尿次溶液；当幼苗共有 3～4 片真叶时，每亩用复合肥 15～20 千克和尿素 3～4 千克混合施用；进入收获期，每采收 1～2 次，随即浇水追肥一次，每亩施复合肥 5～8 千克或尿素 10～25 千克，如气温高时，浓度可低些；气温低时，浓度可提高些。夏季施肥在早晚进行，追肥浓度应先淡后浓，最大浓度为 40%～50% 采收后如不及时追肥或脱肥，均会影响产量和品质。

（2）水分管理。旱地栽培应经常保持土壤湿润状态。水田栽培，如定植以后温度尚低，应保持约 3 厘米深的浅水，以提高土温，加速生长。进入旺盛生长期，气温增高，生长迅速，膝叶茂密，蒸腾作用旺盛，水分消耗大，应维持深 10 厘米左右的水，以满足蕹菜对水分的要求，同时还可以降低过高的土温。浮水栽培，水体流动性应尽量小为好。

（3）塑料大、中棚蕹菜早春栽培管理。长江流域一般于 2 月上中旬在温床播种，每亩播种量为 30 千克左右。播种后增温保湿，棚内保持 30～35℃，棚内经常保持湿润状态和充足的养分，白天适当通风，夜间要保温。播后 30 天左右，当苗高达 13～20 厘米时，即可间苗上市或定植。如果实行多次收获，结合定苗间拔上市，则按 12～15 厘米株行距定苗，留下的苗即做多茬采收上市。其他栽培管理要求与蕹菜旱地栽培相同。

### 2. 病虫草害防治

蕹菜病害主要有白锈病、褐斑病、炭疽病和猝倒病等，虫害主要有红蜘蛛、潜叶蝇、小菜蛾、斜纹夜蛾和甜菜夜蛾等，杂草主要是蕹菜菟丝子，要及时进行防治。

### 3. 采收

直播的蕹菜，待苗高 20～25 厘米即可间拔采收。多次收割的，待蔓长30厘米左右时第一次采收。在采收1~2次时，留基部2~3节采摘，以促进萌发较多的嫩枝，提高产量。采收3~4次后，应适当重采，仅留1~2节即可。如藤蔓过密和生长衰弱，还可疏去部分过密、过弱的枝行，以达到更新的目的。

# 三、芹菜栽培技术

芹菜根据叶柄形态不同可分为本芹和西芹。本芹，又叫中国芹菜，又分为实秸芹菜和空秸芹菜；西芹，又叫洋芹菜，从欧美等国家引进。

## （一）秋芹菜栽培技术

### 1. 品种选择

选用优质、抗病、适应性广、实心的品种。

### 2. 育苗

露地育苗要有防雨、防虫、遮阳设施。露地育苗应选择地势高、排灌方便、保水保肥性好的地块，每亩施有机肥2 000~3 000千克有机肥、三元复合肥20~30千克，施肥后精细整地，耙平做平畦，备好过筛细土或药土，供播种时用。

应将种子放入20~25℃水中浸种12~20小时，然后用湿布包好放在15~20℃处催芽，每天用凉水冲洗1次，4~5天后，当有60%的种子萌芽时即可播种。

秋芹菜5月下旬至6月下旬，选择早晚或阴天进行播种。浇足底水，水渗后覆一层细土（或药土），将种子均匀撒播于床面，覆细土（或药土）0.5厘米。播种后要用遮阳网、苇帘等搭设遮阳棚。待苗出齐后，逐渐撤去遮阳棚。

当幼苗第一片真叶展开时进行第一次间苗，疏掉过密苗、病苗、弱苗，苗距3厘米见方，结合间苗拔除田间杂草。苗期要保持床土湿润，小水勤浇。当幼苗2~3片真叶时，结合浇水，每亩追施尿素5~10千克，或0.2%的尿素溶液叶面追肥。

3. 整地施肥

结合整地，每亩施优质腐熟厩肥 5 000 千克，尿素 10 千克，过磷酸钙 30 ~ 40 千克，硫酸钾 14 千克。耙后做平畦。

4. 定植

秋芹菜定植时间在 7 月下旬至 8 月中旬。在畦内按行距要求开沟穴栽，每穴 1 株，培土以埋住短缩茎露出心叶为宜，边栽边封沟平畦，随即浇水。定植时如苗太高，可于 15 厘米处剪掉上部叶柄。本芹类每亩 22 000 ~ 37 000 株，行株距 15 ~ 20 厘米 × 13 ~ 15 厘米；西芹类每亩 9 000 ~ 13 000 株，行株距 25 ~ 30 厘米 × 20 ~ 25 厘米。

5. 定植后管理

（1）中耕除草。定植后至封垄前，中耕 3 ~ 4 次，中耕结合培土和清除田间杂草，7 ~ 10 天缓苗后，视生长情况蹲苗。

（2）水肥管理。定植 1 ~ 2 天后浇 1 次缓苗水，以后如气温过高，可浇小水降温，蹲苗期内停止浇水。株高 25 ~ 30 厘米时，结合浇水，每亩追施尿素 10 千克，硫酸钾 10 千克。

（3）喷施微肥。芹菜是喜硼作物，缺硼影响产量和品质，喷施彩色硼 1 500 倍液，增产显著。

（4）防治病虫害。及时防治斑枯病、疫病、软腐病和蚜虫等病虫害。

6. 采收

芹菜的采收时期可根据生长情况和市场价格而定。一般定植 50 ~ 60 天后，叶柄长达 40 厘米左右，新抽嫩薹在 10 厘米以下，即可收获。

**（二）塑料大棚芹菜栽培技术**

1. 栽培季节

秋延迟栽培宜在 7 月下旬育苗，9 月下旬定植，冬季收获。秋冬栽培宜在 8 月中下旬育苗，10 月中下旬定植，冬季、早春收获。早春栽培宜在 1 ~ 2 月育苗，3 ~ 4 月定植，春末夏初收获。

2. 种子准备

（1）品种选择。选择叶柄长、实心、纤维少、丰产、抗逆性好、抗病虫害能力强的品种。

（2）种子处理。用48℃温水浸种30分钟后，在凉水中浸种24小时。用清水淘洗后用湿布包好，在18～20℃条件下催芽。每天用清水冲洗1～2次，50%以上的种子露白时即可播种。

3. 育苗

（1）育苗设施。根据不同季节和条件选用温室、大棚、阳畦、温床等育苗设施，夏秋季节育苗应配有防虫、遮阳设施。

（2）苗床准备。育苗床要选择地势高、排灌通畅、防雨防涝、灌溉方便、保肥保水性能好、土壤疏松肥沃，3年未种过伞形科作物的地块。作成畦宽1～1.2米，沟宽30～40厘米，沟深15～20厘米的高畦，将选好的苗床晾干晒透耕翻20～30厘米，每立方米施入充分腐熟的过筛农家肥25千克、氮磷钾三元复合肥（15：15：15）80～100克、50%多菌灵可湿性粉剂50克，耕翻、耙细、整平。苗床的面积为移栽面积的1/10左右。

（3）播种。先浇透底水，待水渗下后，将经过浸种或催芽的种子与细土拌匀后撒播，然后覆0.5厘米左右厚的细土。冬春育苗，床面加盖地膜；夏秋育苗，床面覆草保湿。

（4）育苗期管理。苗期温度控制在20～25℃，冬春育苗随着气温的升高，逐渐加大通风；夏秋育苗，采用遮阳网、塑料薄膜双层覆盖，降温防雨。夏秋育苗早晚浇水，冬春育苗在晴天上午浇水。齐苗后喷施一次0.2%的尿素，以后每10～15天喷一次，促进幼苗生长。播种后出苗前，可选用除草通150～200毫升，对水70～100千克，均匀喷洒地表，防止苗期草害，以后视草害情况，及时人工除草。当幼苗长有2片真叶时进行间苗，苗距1厘米。再进行1～2次间苗，使苗距达到2厘米左右，间苗后及时浇水。

4. 整地施肥

前茬作物收获后及时清除杂物，每亩施充分腐熟的农家肥
5 000千克、氮磷钾三元复合肥（15∶15∶15）50 千克，铺施均
匀，深翻 20 厘米，整细耙平，做成 1.5~2 米宽的畦。

5. 定植

苗高 15 厘米左右，3~4 片叶时定植。移栽前 3~4 天停止
浇水，带土取苗，单株定植。定植时露出心叶。本芹每亩定植
35 000~45 000株，西芹每亩定植 9 000~10 000株。

6. 定植后管理

（1）肥水。定植后及时浇定植水，3~5 天后浇一次缓苗水。
缓苗后，小水勤浇，保持地面湿润。定植后 15 天左右，每亩追
施尿素 5 千克。以后 20~25 天，追肥一次，每次每亩追尿素 10
千克、硫酸钾 15 千克，或追施充分腐熟的饼肥 100 千克。采收
前 10 天停止追肥。深秋和冬季应控制浇水，浇水宜在晴天上午
10~11 点进行，浇水后加强通风降湿。

（2）中耕除草。缓苗前进行一次中耕划锄，生长前期每次
追肥前进行中耕除草，松土深 1~2 厘米，生长中后期不再进行
划锄。

（3）温度。大棚春茬芹菜定植前 10 天扣棚，提高温度，定
植后棚温达到 20℃时开始放风，白天维持在 15~20℃，夜间不
低于 10℃。大棚秋茬芹菜当气温低于 12℃时扣棚。进入 12 月气
温较低，加盖草苫、纸被等覆盖物保温。

（4）病虫害防治。病虫害主要种类有：斑枯病、早疫病、
黑斑病、软腐病、叶斑病、蚜虫和粉虱等。可通过农业防治、物
理防治、生物防治和药剂防治等。

7. 采收

当芹菜生长达到商品性要求适时采收。

# 第十一章　南方水生蔬菜栽培技术

## 一、莲藕栽培技术

### (一) 栽培季节与茬口安排

莲藕主要在炎热多雨季节生长。长江流域 4 月上旬至 5 月上旬栽植，大暑前后开始采收；华南 2 月下旬即可栽莲藕，6 月开始采收。浅水莲藕选择早熟品种进行塑料小拱棚覆盖栽培，覆膜期 30 ~ 40 天，比露地提早 10 ~ 15 天种植，采收期提早 10 天以上。

长江流域无霜期较长，莲藕栽培制度多样化。田藕主要有藕—稻、藕—水生蔬菜轮作等几种形式。塘藕常有藕蒲轮茬、藕鱼兼作、莲茭间作等形式。

### (二) 藕田选择及整地施基肥

莲藕不宜连作，塘藕种植 1 次，连收 3 ~ 4 年，以后清理重新栽植。田藕应选择保水、保肥、富含有机质的黏壤土，水田水深不超过 40 厘米，淤泥层厚 15 ~ 20 厘米，排灌方便，阳光充足、避风；塘藕应选水流平缓、水位稳定、最高水位不超过 1.3 米、淤泥层达 20 厘米以上的水面。若水面过大，周围应栽植芦苇等阻挡，以免大风急流伤害莲藕和花梗。

莲藕整地要深耕多耙，使田平泥烂、杂草尽。藕田栽前半月先旱耕，筑固田埂，施基肥后再水耕。栽藕前 1 ~ 2 天再耙 1 次，使田土烂而平整，保持浅水 3 ~ 5 厘米待种。湖塘水位较深，要填补低洼处，弄平塘底。基肥以有机肥为主，配施磷、钾肥，每亩施人粪尿 1 500 ~ 2 500 千克，或堆厩肥 5 000 千克、草木灰

50～100 千克。湖荡以施堆厩肥、绿肥为好。

### （三）种藕选择

种藕在临栽前从留种田挖取。选择符合品种特征、藕身粗壮、完整无损、节细、芽壮、后把节粗的整藕，其上子藕与孙藕必须向同一方向生长。较大的子藕也可作种。种藕至少有二节以上充分成熟的藕身，以使贮藏养分充足。种藕应随挖、随选、随栽，不宜在空气中久放，以免芽头失水干枯。若当天不能种完，应覆盖稻草洒水保湿。外地引进的种藕稍带泥土，用稻草或草包覆盖保湿，并防止碰伤芽头。

### （四）栽植

气温稳定在15℃以上，水田土温12℃以上可种植。长江流域多在4月中旬至5月初栽植，华南提早15～20天。深水藕比浅水藕推迟10～15天栽植。

栽植密度因品种、土壤肥力、栽培形式和栽培季节而异。早熟品种、田藕、土壤瘠薄、采收早时宜密；晚熟品种、塘藕、土质肥沃、迟采收时宜稀。

田藕早熟品种的适宜行距1.2米，穴距1米，每穴栽子藕2支；晚熟品种的适宜行距2～2.5米，穴距1米。每亩用种量：大藕150～250千克，小藕125千克。

塘藕，一般行距2.5米，穴距1.5～2米，每穴栽植整藕1支（包括主藕1支、子藕2支）或较大的子藕4支，每支重250克以上，每亩栽藕150～220穴，用藕量200～250千克。

栽植时按株行距及藕鞭走向将藕排在塘面，然后将种藕顶芽埋入泥中8～12厘米，后把节梢翘在水面上，以接受阳光、增加温度、促进萌芽。前后倾斜20～25度，与结藕时的自然状态相似，以利出苗。各行上的栽植点要交错排列，种藕顶芽左右相对，分别朝向对面行的株间，使莲鞭分布均匀。藕田四周的各种植点的种藕顶芽全部朝向田内，以免莲鞭伸出埂外。栽植时若不是整藕栽培，应用刀在第二节把后2～3厘米处切断，切忌用手掰，以防泥沙灌入藕孔而腐烂。

**（五）藕田管理**

**1. 耘田除草、摘叶、摘花**

栽植后 10~15 天开始到封行前，在卷叶的两侧进行耕田，结合除草把藕田杂草、浮叶、老叶、枯叶圈成团捺入泥中，使藕草净、泥烂，促藕鞭生长。化学除草可选用 50% 威罗生乳油 100 毫升/亩，与 5 千克尿素、5 千克细土充分拌匀，在水深 7~10 厘米、立叶高出水面 30 厘米、露水已干时撒施田中，药后保持水层 1 周以上，药效可达 1 个月以上。或用 12.5% 盖草能 3 毫升/亩，对水 40~50 千克，充分搅匀，当露水干进对杂草进行叶面喷雾，约 4 天见效，对 3~4 叶期禾本科杂草有显著效果。藕莲以采藕为目的，若有花蕾发生应及时将花梗弯折，减少养分消耗。

**2. 追肥**

莲藕生育期长，需肥较多，一般追肥 2~3 次。第一次在栽后 20~25 天，有 1~2 片立叶或 6~7 片荷叶时，追施发棵肥，每亩施人粪尿 1 500~2 000 千克。第二次在栽藕后 40~45 天，有 2~3 片立叶时，每亩追施人粪尿 1 500~2 000 千克；第三次在出现终止叶结藕时（封行前）施结藕肥，每亩施人粪尿 2 000~3 000 千克。追肥宜在晴朗无风天气、露水干时进行，切忌烈日中午施。追肥前放干田水，施后泼水冲洗叶片，再浇水到原水深。施后耘田，使肥和土充分混匀，有利于根系吸收。塘藕宜施固体追肥，将厩肥或青草绿肥塞入水下泥中，或用河泥将化肥裹成团，塞入泥中。

**3. 水位调节**

水位管理应遵循前浅、中深、后浅的原则。田藕栽植时保持 3~5 厘米浅水，以提高土温，促进萌芽。栽植后 15 天内水位不超过 7 厘米。随植株生长，有 2~3 片立叶时，加深到 10 厘米。随气温升高，水位加深到 12~16 厘米。结藕时，水位降到 3~5

厘米，水深会使藕鞭继续生长而延迟结藕，最好能日排夜灌，白天排至 30 厘米，夜间灌至 12～15 厘米。挖藕前浇水至 10～13 厘米，使泥烂而便于挖藕。塘藕水位若能控制，前期保持水位 20 厘米，中期 50 厘米，后期降至 25～30 厘米。汛期要加强排水，使立叶露出水面以免淹死，台风期可适当灌深切入水稳住风浪，保护荷叶，台风过后排至原水位。

4. 转藕梢

莲藕生长期要经常检查藕头生长方向，使地下藕鞭在田间生长均匀。藕头在卷叶前 30～50 厘米处。在莲藕旺盛生长期，主、侧藕鞭不断向前方和两侧作扇形伸展，当新抽生的卷叶离田埂 1 米左右时，表明藕梢已接近田埂，宜及时将梢向田内拨转。每 2～3 天拨一次，共拨 5～6 次，若生长期天气不良，生长缓慢，则 7～8 天转一次。转梢宜在晴天下午茎叶柔软时进行，扒开泥土，托起后把节，将梢头连带泥土轻轻转向田内，盖好泥土。

（六）收获

莲藕分采收嫩藕和老藕两种。嫩藕供鲜食，早熟种 7 月采收，晚熟种立秋后采收。老藕适于熟食和加工藕粉，于 10 月底开始采收至翌春萌芽前。

采收时，先要确定藕的生长位置。结藕部位是在后栋叶和终止叶直线的前方。终止叶出现后可挖嫩藕，不放干田水，用手将藕身下的泥扒穴，然后顺着后栋叶的叶柄向下折断莲鞭，慢慢将整藕向后拖出来。嫩藕采收前 1 天或数天，将荷叶从叶蒂处摘去，仅留下后栋叶和终止叶，使藕身上锈斑脱去，提高藕品质。叶片枯黄后挖老藕，挖前 10 天左右排干田水，用铲挖藕。塘藕采收时，手足并用，先找出终止叶，顺着终止叶柄用脚尖插入泥中探藕，随即将藕两侧泥土蹬去，踩断后茎节的外侧藕鞭，一手抓住后把，另一手插入藕身下托住藕身中段，轻轻向后抽出。若水深超过 1 米，可采用带长柄的铁钩住藕节，拧提出水。荡藕采收时，按一定距离留下新藕作种。田中间每隔 2 米留 35 厘米左

右不挖或将亲藕前二节采去，留最后一节或子藕作下一年的
藕种。

# 二、茭白栽培技术

## （一）栽培季节与茬口安排

一熟茭在 4 月分墩定植，秋季采收，2～3 年再择田栽植，
耐粗放管理，可利用水边、沟边、塘边零星种植。两熟茭有两种
栽培形式：一是 4 月下旬栽植，当年秋茭产量高；另一种是 8 月
上旬栽植，翌年夏茭产量高。晚熟品种多春栽，早熟品种多夏秋
定植。

茭白不宜连作，低洼水田可与莲藕、慈姑、荸荠、水芹、蒲
等轮作。在较高水田常与水稻轮作。茭白与旱地蔬菜轮作可增
产。常见四季茭茬口有：春栽秋茭→夏茭→连作晚稻→蔬菜
（两年四熟制）；早稻→秋茭→夏茭→连作晚稻（两年四熟制）；
秋茭→夏茭→早稻→秋茭→夏茭（两年五熟制）；早藕→秋茭→
夏茭→早稻→荸荠（两年五熟制）。

## （二）整地育苗

### 1. 整地施基肥

前茬收获后，深翻 20 厘米左右，晒垡或冻垡。整地同时，
在茭田四周固筑田埂，高 25～30 厘米，内侧拍实，防止漏水。

茭白植株高大，生长期长，需肥量大。整地时须施足基肥，
每亩施腐熟有机肥 3 000～5 000 千克、复合肥 40～50 千克。施
肥后耕翻、耙细、整平，浇水至 2～3 厘米。

### 2. 寄秧育苗

寄秧育苗是将当年选定的留种母墩，在冬季休眠期移至茭秧
田中寄植一段时间，春季分墩定植于大田，或春夏分墩育苗，立
秋前栽植。具体做法是：冬至前后齐泥割去地上部枯枝残叶，整
墩或将部分老墩上的短缩茎（薹管）带分蘖芽距地面 5～7 厘米

连泥挖起，寄植地秧田。秧田与大田比例为 1：5。育苗前，秧田每亩施基肥 1 000～2 000 千克、过磷酸钙 40 千克。按 3～7 厘米墩距栽秧，每隔 1.1 米留出 80 厘米的操作走道。栽植深度以墩泥与土面相齐为度。栽后灌 1～2 厘米浅水。严寒时墩上盖草或搭小拱棚保暖。3 月上旬追肥 1 次，每亩施人粪尿 1 500 千克，并保持 3～6 厘米水位。春季移栽前 1 周，除去长势过旺的秧苗，减少雄茭。清明前后直接分墩，种于大田。

秋栽用苗应先分墩于秧田继续育苗。分墩宜在新茭羁长至 20 厘米以上时，用快刀顺着分蘖纵切，每小墩带有老茎和健全分蘖苗 2～4 株，然后栽至秧田，苗距 25 厘米见方。栽植深度要浅，3～5 厘米即可，以浇水后不浮起为度。栽植过深，发棵慢，分蘖减少，夏秋季定植起苗也困难。栽种时保持水位 1.5 厘米，成活后 3～6 厘米，以提高土温和水温，促早发分蘖和根系；小暑前后水位加深到 7～10 厘米；移栽前加深至 10～14 厘米，以降低地温。4 月底进行追肥，每亩施人粪尿 1 500～2 000 千克，施肥后耘田 1 次，定植前 1～2 天和 20 天各剥黄叶 1 次。

**（三）栽植**

1. 春栽

双季茭的大多数品种及单季茭都适于春栽。4 月上旬，当分蘖苗高 20～30 厘米时分墩栽植。栽植前将种墩从留种田或寄秧田掘起，用快刀顺着分蘖切成数小墩，每小墩带有老茎和匍匐茎，有 4～5 个健全分蘖苗。若茭身过高，栽前剪去叶尖，保留株高 30 厘米左右，减少水分蒸发和防止风吹摇动而降低成活率。茭秧要随挖、随分株、随定植，亩栽植密度 1 200～1 500 穴，行株距 90 厘米×60 厘米；或宽窄行栽植，宽行距 100 厘米，窄行距 80 厘米，穴距 50 厘米。灌浅水栽植。栽植深度以老茎和秧苗基部插入泥中不倒状，浇水后不浮起即可。

2. 秋栽

多为早稻、晚稻秧田以及早藕的后作。适用于地下匍匐茎不发达的早熟品种，如苏州小蜡台、杭州纤予茭、宁波四季茭、绍兴早茭、上海四月茭等，春季育苗，立秋定植。当苗高1米以上，并有较多分散时定植。定植时，除去基部老叶后起墩，用手将苗扒开，每株带有薹管和分蘖苗1~2个，剪去上部叶片，留苗高1米左右。采用宽窄行栽植，宽行60厘米、窄行50厘米，株距30厘米，每亩4 000穴。栽植深度以埋没薹管10~15厘米为宜。为提高成活率，选择阴雨天、傍晚及无大风的天气定植，随起苗随栽完。

**（四）田间管理**

1. 水位调节

春茭栽植时保持1.5~2厘米浅水层，以提高土温，促进成活。栽植至分蘖前期保持3~7厘米浅水层，以促进分蘖和发根。梅雨季节适当排水搁田，控制植株徒长。分蘖后期水位加深至10~17厘米，并定期换水，以降低地温，控制后期无效分蘖，提早孕茭，还可防止土壤缺氧烂根。孕茭期水位加深到17~20厘米，以保证茭白洁白，最高水位不超过"茭白眼"，以免水进入叶鞘内而引起薹管腐烂。采收中后期水位降至3~7厘米。采收后保持1.5~3厘米浅水位，以利匍匐茎和分株芽的生长发育。越冬休眠期，保持土壤湿润或浅水层。

秋栽茭白缓苗期保持3~5厘米浅水层，以防茭苗漂浮。分蘖期保持5~10厘米水层，孕茭期保持13~17厘米水层，采收期和越冬期水分管理同春栽。翌年2月中下旬萌芽生长期保持1~3厘米水层，分蘖期加深至3~5厘米，孕茭期逐渐加深水层到10~20厘米，采收期降至3~10厘米。

每次追肥前后几天，田间应保持浅水层，使肥料溶解和吸收，以后再恢复到原水位。

2. 追肥

春栽新茭田，栽植7~10天后施提苗肥，每亩施人粪尿500千克或尿素5千克。若基肥足，长势好，这次肥可不施。分蘖初期施分蘖肥，促分蘖和生长，亩施人粪尿 2 000 千克，或尿素 20 千克或碳酸氢铵 60 千克。若第一次肥不施，则分蘖肥宜提前到栽后 15 天施。6 月下旬对长势偏弱的地块，施一次拔节壮秆肥，亩施尿素 15 或碳酸氢铵 40 ~ 50 千克。孕茭期重施"催茭肥"，促茭白肥大，提高产量，每亩施人粪尿 2 500 ~ 3 000 千克或尿素 25 ~ 30 千克。

秋栽新茭田，当年生长期短，在施足基肥的基础上，栽植后 10 天左右亩施入人粪尿 2 000 ~ 2 500 千克或尿素 20 ~ 25 千克。

老茭田夏茭生长期短，追肥宜早、重、集中。立春前施第一次肥，3 月下旬施第二次肥。

3. 耘田

新栽茭田成活后或老茭田萌发至封行前，耘田 2 ~ 3 次。第一次在栽后 5 ~ 7 天茭苗刚返青时，7 ~ 8 天后再耘 1 ~ 2 次。耘田时先把水放干，把土浅翻一遍，将杂草、黄叶埋入泥中，耘田后立即浇水。

4. 剥黄叶

剥黄叶可改善田间通风透光条件，共剥 2 ~ 3 次。春栽茭白第一次在 7 月中下旬，第二次在 8 月上旬，第三次在 8 月中下旬；秋栽茭白，定植后 10 ~ 15 天第一次剥叶，7 ~ 10 天再剥 1 次。

5. 割茭墩

冬季茭株地上部枯萎时，放干田水，保持土面湿润，用利刀齐泥割平茭墩，除去母茎上部发育较差的分蘖芽和枯叶，公路建设土中较好的分蘖芽。同时剔除灰茭墩和雄茭墩，挖出种株寄秧。割茭墩时，薹管要低留，一般齐泥面割去茭墩，以降低来年分蘖节位。

6. 疏茭苗

在苗高 20 ~ 30 厘米时，疏密留稀，疏弱留壮，疏内留外。留苗因品种而异，如早熟宁波四季茭每墩留 25 ~ 30 株，晚熟中介茭每墩留20株左右。游茭苗萌发早、生长快、孕茭早、茭肉大，应保留。在疏苗的同时，从行间取土在墩中间压一块泥，使分蘖向四周散开。

7. 选留种

（1）早熟茭选留种法。双季茭的早熟品种在夏茭采收初期选择由母株匍匐茎萌生的分株作种。入选分株的要求是：春季萌发早，生长快，孕茭早，茭肉肥嫩，不易发青，两侧各有一个对称、粗细长短一样的较大分蘖；地下匍匐茎的母株孕茭早，结茭部位低且整齐，无雄茭；邻近的分株无雄茭。将选定的分株挖出移栽秧田或寄栽藕田边，并摘去主茎上的茭白，促进两侧分蘖生长。立秋前将分蘖苗掰开，一个分蘖为一株栽入留种田，去除薹管不定期高的分蘖，行株距为50厘米×40厘米。秋茭采收时再片选，去雄茭、灰茭和劣株。第二年清明后，待新株长至25厘米高时，将茭墩边根挖起，分墩扩大繁殖。每1~2个新株为一小墩，行株距为60厘米×50厘米，立秋前作生产用种苗移入大田。游茭作种，后代早熟，但变异性大，必须年年选种。

（2）晚熟茭选留种法。双季茭的中、晚熟品种和单季茭主要在秋茭采收初期选种。第一年在秋茭第二次采收时，将符合种株标准的茭墩、雄茭和灰茭墩分别做记号，秋茭采收后将雄茭墩和灰茭墩连根挖出。冬季把母墩带泥挖起移入留种田，集中寄栽。第二年清明至谷雨，新株高25厘米时，分墩栽植，每小墩2~3个分蘖，行距为60厘米×50厘米。秋茭采收时再复选，淘汰雄茭、灰茭和劣株。冬季休眠期移至茭白秧田寄植，第三年分墩作生产用种。

**（五）收获**

茭白的适宜采收期，秋茭9~11月，夏茭4~7月。秋茭采收期气温逐渐下降，前期每隔4~5天采一次，后期每隔6~7天采一次；夏茭采收期气温逐渐升高，茭白生长快，易露出水面发青，2~4天采一次。

茭白采收的标准是：三片外叶长齐，叶片、叶鞘交接处明显束成腰状，心叶短缩，孕茭部位显著膨大，叶鞘一侧因肉质茎膨大而裂开，微露茭肉。夏茭采收期间，气温高易发青，当叶鞘中部茭肉膨大而出现皱痕时即可采收。

采收时先将茭白与茎基部分开，秋茭齐薹管拧断，夏茭连根拔起，削去薹管，留叶鞘 30 厘米，切去叶片上市。秋茭采收后期，若茭墩上的分蘖已全部结茭，墩上要留 1～2 支小茭白不采，留作通气，以免地下茎和老墩缺气而死亡。

# 三、荸荠栽培技术

荸荠又叫马蹄、地栗。原产于我国，广西壮族自治区的桂林，浙江余杭，江苏高邮、苏州，福建福州等地均为著名产区。

## （一）选用良种，适时播种，合理密植

荸荠种子要选用芽头健壮，个大均匀，无病无溃烂的球茎作种。育苗前，先将荸荠种子浸水 24 小时，于 6 月下旬至 7 月上旬选择易于保湿遮阴的园地催芽苗床。先把苗地锄松，土块敲碎整平，然后排种，粒距 1 厘米，其上盖一层半干湿的轻壤土或腐熟农家肥，厚度以遮盖荸荠为宜，覆盖土或肥料偏干，要加强水管，勤浇水使土壤呈湿润状态。当催芽 15～20 天后，出青 810 厘米。根从芽头长出时，要及时移入晚稻秧田育苗。株行距 12 厘米×12 厘米。育苗期施 1～2 次 30% 薄尿水，并用 1 000 倍液多菌灵喷浇 12 次，防茎枯病。7 月底 8 月初，当苗青高达 25 厘米以上，秧田育苗期 16～18 天时，可把幼苗连根拔起，移栽到本田。对已萌发芽的球茎也可进入秧田育苗，前期管水注意湿润，有条件的搭棚遮阳。

## （二）大田栽培技术

1. 适时早播

荸荠在大暑至 7 月底移栽大田，9 月底结粒，从而延长球茎

膨大期，可增加大粒比例。移栽苗要求高 20～25 厘米，主丛带 10～15 根叶状茎时带土起苗，带药下田，细拔轻放，防止折秆断根。

2. 选好田地

荸荠本身对土壤要求不严格。但地处平原的乡镇，对田地应选择：一要排灌方便土壤肥沃的乌泥田、乌垆田或灰垆田，有利夺高产创优质；二要实行连片种植，便于统一管理；再要划片轮作，防止连作，减少病害。

3. 适度深栽

栽苗深度以 12～15 厘米为宜，原则上要求球茎离犁底层保持 35 厘米。密植规格一般株行距按 50 厘米×50 厘米移栽，每亩丛插 2 500～2 600 丛。

4. 平衡施肥

施肥上应掌握"前稳中控后攻"的原则。

芽苗生长期施肥可稳长促壮秆。首先施基肥，以有机肥为主，亩施土杂肥 2 000～3 000 千克，对肥沃田，可在移入本田前 24 天，亩深施碳酸氢铵 75 千克，加过磷酸钙 25 千克。播后 7～10 天，亩用尿素 10 千克撒施，并要保持水层，结合中耕一次。隔 20 天施尿素 10 千克，促进封行。

旺盛生长期施肥可健身控旺长。以磷钾肥为主，每亩用钙镁磷 10 千克加硫酸钾或氯化钾 20～25 千克撒施，或用氮化钾复合肥 25 千克撒施，促秆色转淡，为攻壮粒打下基础。

球茎膨大期攻肥促大粒。主要掌握看苗适期攻肥，应以氮钾肥为主，当荸荠球茎长达 2 厘米时，每亩用硫酸钾 10 千克或氯化钾复合肥 20 千克加尿素 10 千克攻第一次壮粒肥；10～15 天后应看苗酌情再攻一次，施肥时要有水层。

5. 保持水层

荸荠属水生作物，宜保持有浅水层，尤其是生长前期应保证充足水分，具体幼苗期保持浅水层 35 厘米，旺盛生长期保持水层 69 厘米，不超过 10 厘米，防止徒长。当丛数封行后，直至开花后期，可湿润作业。到收获前 20 天（霜降左右）断水落干，使叶片开始转黄，逐渐干枯，准备采掘。

6. 及时防治病虫害

荸荠主要病虫害是茎枯病、锈病、白禾螟等，可用 40% 杜邦福星乳油 10 000 倍液或 68.75% 杜邦易保可湿性颗粒 1 500 倍液加 90% 杜邦可灵可湿性粉剂 2 000 倍液喷施，防治效果很好。

### （三）采收与贮藏

早茬荸荠在立冬开始，晚茬从小雪后开始，直至翌年春分前采收。过早采收，成熟度不足，皮薄，不耐贮藏。小雪至冬至间采收，含糖量高，品质好。此后含糖量下降，表皮加厚，表皮与肉质间产生黄衣，脐部维管束明显，皮黑褐色，品质降低。

为便于采收，收获前 1 周可排干田水，然后扒开泥，用手捏出球茎。收时严防破损。收后晒干泥土，与沙分层窖藏，或在地面上用席围仓堆藏，席仓外涂泥，仓堆上盖土和稻草，涂泥封顶。

留种者在春分后萌芽前挖出，带泥阴至八成干时贮藏备用。

# 参考文献

［1］陆新德．蔬菜工（初级）．北京：中国劳动社会保障出版社，2010

［2］陆新德．蔬菜工（中级）．北京：中国劳动社会保障出版社，2010

［3］张瑞明．蔬菜园艺工（初级、中级）．北京：中国劳动社会保障出版社，2010

［4］向朝阳．蔬菜园艺技术．北京：中国农业出版社，2007

［5］陈杏禹．蔬菜栽培．北京：高等教育出版社，2005

［6］韩世栋．蔬菜栽培．北京：中国农业出版社，2005

［7］罗世熙．蔬菜生产技术（南方本）．北京：高等教育出版社，2009

［8］张蕊，张富平．蔬菜栽培实用新技术．北京：中国环境科学出版社，2010

［9］汪兴汉．蔬菜设施栽培新技术．北京：中国农业出版社，2004

［10］张和义．蔬菜生产实用新技术．北京：金盾出版社，2002